DEUTSCHE AKADEMIE DER WISSENSCHAFTEN ZU BERLIN

ATLAS DER VERBREITUNG PALAEARKTISCHER VÖGEL

2. LIEFERUNG

Herausgegeben von

ERWIN STRESEMANN, Berlin, L. A. PORTENKO, Leningrad
und G. MAUERSBERGER, Berlin

Bearbeitet von

G. MAUERSBERGER, L. A. PORTENKO, B. STEPHAN, E. v. VIETINGHOFF-SCHEEL

Mit 15 zweifarbigen Verbreitungskarten und 1 Zugkarte

AKADEMIE-VERLAG · BERLIN

1967

Erschienen im Akademie-Verlag GmbH, 108 Berlin, Leipziger Straße 3—4

Lizenznummer: 202 · 100/467/67
Kartengenehmigung: Nr. 856/64
Gesamtherstellung: VEB Druckerei „Thomas Müntzer", 582 Bad Langensalza
Bestellnummer: 3034/2 · ES 18 G 3

INHALT DER 2. LIEFERUNG

VORWORT ZUR 2. LIEFERUNG

Einige unerwartete Hemmnisse haben die Fortsetzung dieses Werkes unliebsam verzögert. Um den Gang des Unternehmens beschleunigen zu helfen, beschloß das Präsidium der Deutschen Akademie der Wissenschaften vor drei Jahren, fortan eine zweite wissenschaftliche Hilfskraft zu besolden. Es war dies Frau Erika v. Vietinghoff-Scheel, die ihre Tätigkeit im Mai 1960 aufnahm. Nicht wenige der in diese Lieferung aufgenommenen Karten sind das Ergebnis ihrer eifrigen Tätigkeit und ihrer Sorgfalt. Die Mitwirkung des Herrn Gottfried Mauersberger ist dem Werk erhalten geblieben, obwohl er im April 1961 aus seiner Stellung bei der Akademie ausgeschieden ist, um die Leitung der bis dahin unter meiner Obhut stehenden Ornithologischen Abteilung zu übernehmen. An seine Stelle trat im Juli 1961 Herr Jürgen Stübs, der sich vornehmlich den Vorbereitungen der dritten Lieferung, die voraussichtlich etwa ein Jahr nach dem Erscheinen der zweiten folgen wird, zu widmen hatte. Das Schwergewicht der Tätigkeit des Herrn G. Mauersberger verlagerte sich danach von der unmittelbaren Bearbeitung von Karten zunächst auf die Einweisung der neuen Mitarbeiter und dann auf deren ständige Beratung. Die Anmerkungen zu den Fundortlisten und die „Vorbemerkung“ stammen von ihm. Das Maß seiner Mitwirkung bewog mich, ihn unter die Herausgeber dieser Lieferung aufzunehmen.

Auch in anderer Hinsicht ist die Kontinuität der Bearbeitung glücklicherweise gewahrt worden, denn Herr Professor Dr. L. A. Portenko (Leningrad) hat, wie für die erste Lieferung, so auch für die zweite die Verbreitungsgrenzen im sowjetischen Areal gezogen und seine Entscheidungen durch Literaturhinweise aufs Sorgfältigste belegt und begründet. Diesmal durfte ich ihm diesen wichtigen Sektor völlig überlassen. Kein anderer wäre einer so schwierigen und zeitraubenden Aufgabe gewachsen gewesen.

Anfang 1960 unterstützte uns durch freiwillige Mitarbeit Herr Burkhard Stephan, Assistent der Ornithologischen Abteilung, indem er für zwei Arten (*Parus cristatus* und *Phylloscopus bonelli*) literarisches Material zusammentrug und auswertete.

Für den jeder Verbreitungskarte beigefügten Text, zu dem Herr Prof. Dr. Portenko vornehmlich bei *Muscicapa parva* und *Oenanthe pleschanka* beigetragen hat, bin ich nach wie vor allein verantwortlich.

Wiederum ist uns von vielen sachkundigen Ornithologen durch briefliche Auskunft wirksam geholfen worden, insbesondere von unseren Korrespondenten:

R. Kroneisl-Rucner (Zagreb); Kand. Biol. Wiss. I. A. Nejfeldt (Leningrad); Dr. N. Atanassov (Sofia); W. Berger (Kloster/Hiddensee); Prof. Dr. F. Bernis (Madrid); Prof. Dr. J. Catuneanu (Bukarest); Prof. Dr. T. H. Cheng (Peking); Dr. G. Diesselhorst (München); St. Dontschew (Sofia); G. Gauss (München); Dr. U. Glutz von Blotzheim (Sempach); K. Grössler (Leipzig); Dr. J. Hanzák (Prag); K. Hartmann (Hamburg); Prof. Dr. H. Heim de Balsac (Paris); Dr. L. Hoffmann (Le Sambuc/Frankreich); H. Holgersen (Stavanger); Kand. Biol. Wiss. W. D. Iljitschow (Moskau); R. Jacobi (Sibiu); Dr. A. Keve (Budapest); A. N. Klitin (Tschernowcy); St. Kohl (Reghin); Kand. Biol. Wiss. M. N. Korelow (Alma-Ata); J. Korodi (Cluj); Dr. H. E. Krampitz (Hamburg); Prof. Dr. E. Kumari (Tartu); Dr. H. Kumerloeve (Osnabrück); Dr. H. Löhrl (Radolfzell); mag. B. Løppenthin (Kopenhagen); C.-F. Lundevall (Norrköping); Dr. S. D. Matvejev (Belgrad); N. Mayaud (Paris); Meir Zeira (Jassur/Israel); Kand. Biol. Wiss. R. N. Meklenburcew (Taschkent); Prof. Dr. H. Mendelssohn (Tel Aviv); Prof. Dr. G. Niethammer (Bonn); J. Niethammer (Bonn); Dr. K. Paludan (Hørsholm); W. J. Parowschtschikow (Archangelsk); H. Peters (Wien); Kand. Biol. Wiss. W. A. Popow (Kasan); Prof. Dr. L. A. Portenko (Leningrad); Kand. Biol. Wiss. A. D. Scharonow (Tjumen); Dr. H. Schweiger (Wien); Dr. G. Steinbacher (Augsburg); M. A. Traylor (Chicago); W. Trettau (Wiesbaden); J. A. Valverde (Almeria); Dr. Ch. Vaurie (New York); J. Verthein (Hamburg); K. Warncke (Braunschweig); Prof. Dr. O. v. Wettstein (Wien); H.-E. Wolters (Bonn).

Mein besonderer Dank gilt der Deutschen Akademie der Wissenschaften zu Berlin, die ihrem Verständnis für die wissenschaftliche Bedeutung des Vorhabens abermals in wirkungsvoller Form Ausdruck gegeben hat. Der Akademie-Verlag hat sich um das gute Gelingen auf mancherlei Weise verdient gemacht. In dem Graphiker Herrn Gerhard Tag, der für jede Verbreitungskarte dieser und der vorigen Lieferung die Unterlagen zeichnete und nicht nur unseren Eintragungen das druckreife Gepräge gab, sondern uns hierzu auch manch trefflichen Rat erteilte, haben wir einen freudigen Mitarbeiter gewonnen. Sein Name gehört daher an diese Stelle.

Berlin, im Dezember 1963 Erwin Stresemann

VORBEMERKUNG ZUR 2. LIEFERUNG

Die Ausgabe der zweiten Lieferung hat sich aus Gründen verzögert, die im Vorwort bereits angedeutet sind. Es erscheint wünschenswert, auch diesem Teil unseres Werkes einige erläuternde Bemerkungen voranzustellen; der Anlaß ist teilweise durch kritische Äußerungen in Rezensionen gegeben.

Der Bearbeitung aller in der Palaearktis brütenden Arten, die auch wir für gewinnbringend halten, stellen sich gewichtige technische Bedenken entgegen. Der Aufwand an zeitraubender Kleinarbeit, der zum Umfang des sichtbaren Ergebnisses in einem nur vom Kenner zu ermessenden Verhältnis steht, ist schon beim Erfassen des palaearktischen Faunengebietes bedeutend; die genaue Kartierung all der vielen weit über die Grenzen der Palaearktis hinaus verbreiteten Arten würde den Aufwand in einem Maße wachsen lassen, das die Vollendung des Werkes durch den derzeit verfügbaren Mitarbeiterstab in Frage stellt. Überdies zeigen selbst viele endemische Arten ein Verbreitungsbild, dessen Darstellung in diesem Rahmen große Schwierigkeiten bereitet.

Zu den in einer Besprechung beanstandeten alten Literaturangaben darf ich an meine „Hinweise" zur ersten Lieferung erinnern. Dem aufmerksamen Betrachter der folgenden Karten wird nicht entgehen, daß wir zu vielen Punkten eine ältere und eine neuere Quelle zitieren. Beide zusammen vermögen einen Hinweis auf die Beständigkeit des Vorkommens im Grenzraum zu geben. Detaillierte historische Betrachtungen können aber nur für Arealteile oder in Monographien vorgelegt werden; Problemstellung und Umfang unserer Arbeit lassen sie außerhalb.

Eine Karte der ersten Lieferung hat zu Mißverständnissen Anlaß gegeben. Ich hatte das Areal von *Lanius senator badius* innerhalb des Verbreitungsgebietes der gesamten Art mit einer Linie umzogen in der Annahme, daß der Unterschied zu jener Darstellungsweise klar sei, die das Fehlen der Art auf den westmediterranen Inseln hervorhebt (s. die Karten von *Certhia brachydactyla* und *Hippolais polyglotta*). Da eine Linie dieser Art noch öfter Verwendung finden wird (in dieser Lieferung bei *Phylloscopus bonelli*, *Sylvia hortensis*, *S. cantillans* und *Oenanthe hispanica*), sei auf diesen Umstand noch einmal besonders hingewiesen.

Die ins Unübersehbare wachsende faunistische Literatur zwingt, wie die Erscheinungsjahre der verwendeten Arbeiten bezeugen, schon während der Bearbeitung zu ständiger Überprüfung des in den Arbeitskarten bereits Niedergelegten. Es ist aus dem gleichen Grunde nicht zu umgehen, daß eine Karte in manchen Einzelheiten bereits beim Erscheinen überholt ist. Derartige wesentliche Modifikationen (Unterschiede von wenigen Kilometern sind nur von lokalfaunistischem Interesse) werden hier sorgfältig registriert. Es erscheint uns aber wenig sinnvoll, solche Ergänzungen in jeder Lieferung zusammenzufassen; voraussichtlich wird der vierte Teil des Atlas eine Übersicht bringen.

In einer Besprechung der ersten Lieferung (Alauda 28, p. 309—310) wurde z. B. kritisiert, daß auf der Karte von *Emberiza cirlus* die Niederung des Soustales in SW-Marokko in die Grenzziehung einbezogen sei, obwohl die Art dort nicht brüte. Dieser Kritik kann man schwerlich beipflichten, wenn man sich die Definition des Areals vor Augen führt. Das Areal einer Tierart ist keine geometrisch definierte Fläche mit den zwei Dimensionen Länge und Breite. Es wird vielmehr bestimmt durch drei weitere Dimensionen, nämlich Höhe (Meereshöhe), Biotop bzw. Nische und die Zeit (Jahresablauf wie säkulare oder erdgeschichtliche Abläufe). Es ist an dieser Stelle wohl nicht erforderlich, dies durch Beispiele oder nähere Angaben zu belegen. Eine zweidimensionale Karte kann nur Länge und Breite berücksichtigen; die übrigen drei Dimensionen bleiben textlichen Erläuterungen vorbehalten. Die Dimensionen Höhe und Biotop bedingen jedoch bei den meisten Tierarten das Auftreten „innerer" Grenzen, mithin eine mehr oder weniger diskontinuierliche Verbreitung. Für den genannten Fall aber bedeutet das, daß die Angabe im Text, *E. cirlus* brüte in den Atlasländern etwa zwischen 500 und 1600 m Höhe, in Verbindung mit der Karte deutlich aussagt, daß die Art im Sous nicht als Brutvogel vorkommt. Die Berücksichtigung aller kleineren Verbreitungslücken, die einfach durch den mehrdimensionalen Charakter des Areals bedingt werden, würde die Kartierung wenn nicht unmöglich, so doch überaus unübersichtlich machen.

Damit ist gleichzeitig einem anderen Einwand (s. Bonn. Zool. Beitr. 12, p. 171—173) begegnet, der das Bedauern über die (notwendigerweise) schematisierende Darstellung auf Karten solchen Maßstabes ausdrückt. So eingehende Kartierung wird ebenso wie die obenerwähnte genaue Darstellung des Grenzraumes im Zeitablauf stets Spezialarbeiten vorbehalten bleiben; sie kann nicht Aufgabe unseres Atlas sein.

Zur Transkription kyrillisch geschriebener Benennungen sei noch erläuternd bemerkt, daß der mit c wiedergegebene Buchstabe stets (also auch in der Verbindung ck) den Lautwert ts hat; das Zeichen z bedeutet in jenen Umschriften das stimmhafte s. Für die Wiedergabe des dem Bulgarischen eigenen Vokales ъ mit y vgl. MAUERSBERGER 1960[1].

Den im Text angegebenen Ordnungszahlen der Handschwingen liegt stets die Zählung von innen nach außen zu Grunde.

Zu den schon für den ersten Teil benutzten Atlanten kommen noch die später in unsere Hände gelangten Bände des Times Atlas (III 1955, I 1958 und II 1959).

Als Datum des Redaktionsschlusses der zweiten Lieferung gilt der 30. November 1963.

GOTTFRIED MAUERSBERGER

[1] MAUERSBERGER, G. (1960): Faunistische Notizen aus Nordost-Bulgarien (19. Mai – 2. Juni 1959). J. Orn. 101, p. 113–125.

Parus cristatus L.

nach ENGEL (1952)

bearbeitet von

G. MAUERSBERGER und B. STEPHAN

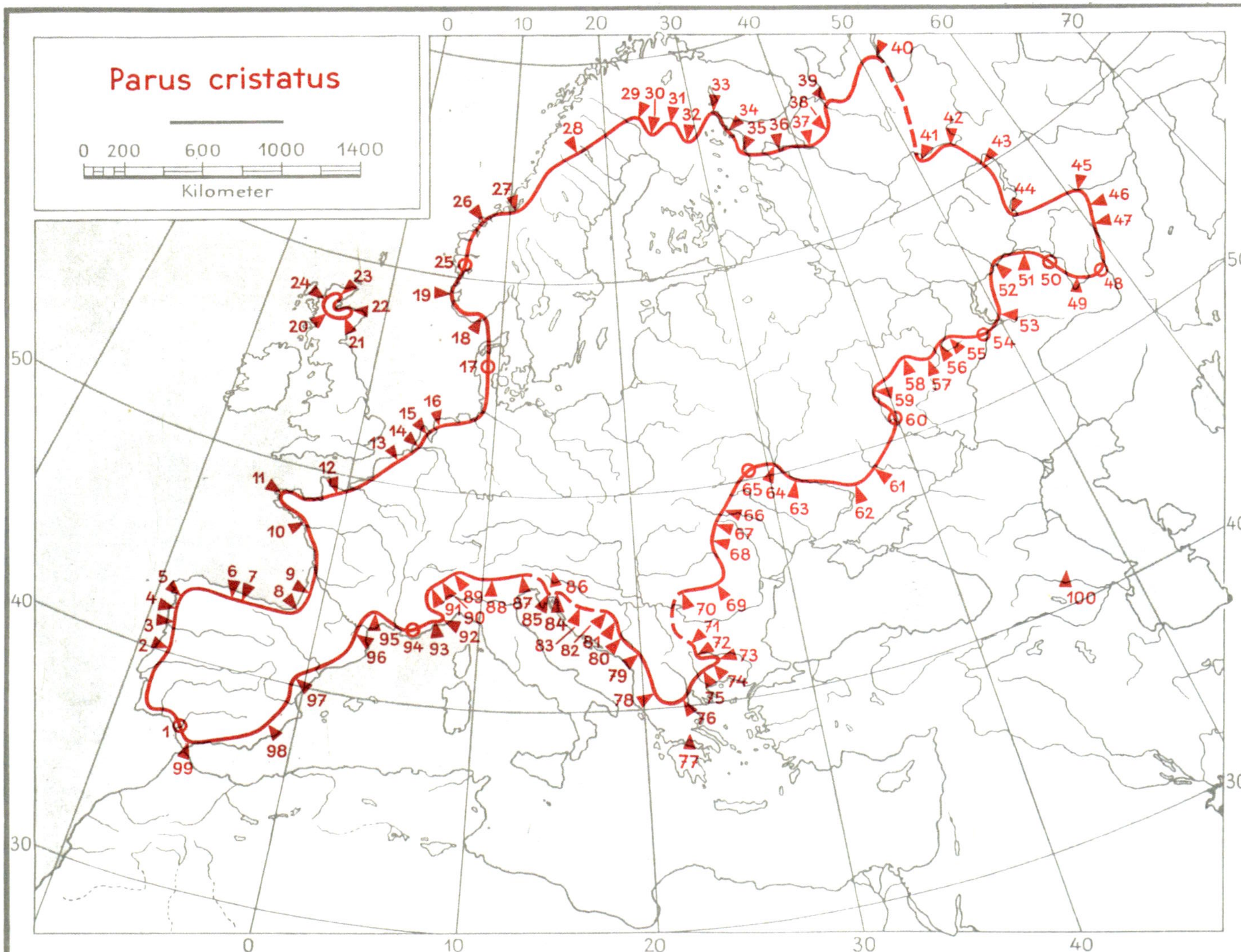
Parus cristatus
0 200 600 1000 1400
Kilometer

FUNDORTLISTE

1.	Guadalquivir (Coto Doñana)	Bs	Nicholson et alii 1957
2.	Coimbra ↓	As	Reis 1931
3.	Oporto	N	Tait 1924
4.	Algeçiras	Ac	Stenhouse 1921
5.	Arosa Bay	As	Witherby 1922
6.	Riaño	Ac	Witherby 1922
7.	Potes	As	Witherby 1922
–	Panes	As	Witherby 1922
8.	St. Jean-de-Luz	As	Saunders 1884
9.	Pontenx	A	Burleigh 1919
–	Arcachon (9. III.)	A	Jouard 1929
10.	Pornichet (X.)	A	Jouard 1929
11.	Lambézellec	A	Jouard 1929
12.	Troismonts	A	Jouard 1929
13.	Beernem	N	Lippens 1949
14.	Loosduinen	J	Haverschmidt 1931
15.	Dünen b. Schoorl	Ns	Brouwer 1929
16.	Leeuwarden	Ns	de Vries 1927
17.	Jütland ↓	Bc	Løppenthin brfl. 1961
18.	Christiansand	Ac	Collett 1868
19.	Karmøy	Ac	Løvenskiold 1949
20.	Loch Arkaig	B	Matheson 1920
21.	Cairngorms	B	Witherby et alii 1952
22.	Cullen (Banff)	B	Witherby et alii 1952
23.	Dornoch (Sutherland)	As	Macdonald 1957
24.	W Ross-Shire	As	Alexander 1935
25.	Rogaland	A	Haftorn 1958
26.	Christiansund	A	Collett 1868
27.	Trondhjem (= Trondheim)	Bc	Collett 1868
28.	Ammarnäs	As	Zetterberg 1925
29.	Muonio	B	Merikallio 1958
30.	Raanujärvi	B	Merikallio 1958
31.	Pelkosenniemi	B	Merikallio 1958
32.	Martii (Savükoski)	A	Merikallio 1958
33.	S Imandra-See (IX.)	A	Wladimirskaja 1948 (fide Woinstwenskij 1954)
–	Große Medweshij-Insel	As	Blagosklonow 1960
34.	Keretj	Aa	Blagosklonow 1960
35.	Ponjgoma	Bc	Blagosklonow 1960
36.	Unsker Halbinsel	B	Parowschtschikow brfl. 1961
37.	Archangelsk	A	Parowschtschikow brfl. 1961
38.	Pinega	A	Sokolow 1941
39.	Mesenj	Ac	Parowschtschikow brfl. 1961
40.	Sula-Mündung ↓	A	Parowschtschikow brfl. 1961
o	Fluß Cilma	Ac	Parowschtschikow brfl. 1961
41.	Syktywkar	A	Ostroumow 1949
42.	Ustj-Kulom	A	Ostroumow 1949
43.	Worcewo	Bs	Woroncow 1949
44.	Ochansk	Ac	Uschkow 1927
45.	Swerdlowsk	Js	Danilow 1954
46.	Sinara-See	As	Woltschaneckij 1928

47.	Mias	B	Teplouchow 1921
48.	Baschkirisches Naturschutzgebiet	Js	Kirikow 1952
49.	Unterlauf des Nugusch	Ns	Iljitschow brfl. 1961
50.	Gouv. Ufa	Bs	Grote 1928
51.	Bakaly	N	Iljitschow brfl. 1961
52.	Wald v. Kzyl-Tausch (Krasnyj Klutsch/Kama)	A	Popow brfl. 1961
o	Unterlauf des Kleinen Tscheremschan	A	Popow brfl. 1961
53.	N Kujbyschew	A	Woinstwenskij 1954
54.	W Syzranj-Gebiet	Ja	Bogdanow 1871
55.	Gorodischtsche	B	Artobolewskij 1905; Artobolewskij 1923/24
56.	Penza	B	Artobolewskij 1905; Artobolewskij 1923/24
57.	Belinskij	B	Artobolewskij 1905; Artobolewskij 1923/24
58.	Morschansk (VIII.)	A	Rezcow 1910
59.	Zadonsk	A	Sewercow 1855
60.	Woronesh	A	Sewercow 1855
61.	Izjum	A	Somow 1897
–	Liman	Js	Somow 1897
62.	Nowomoskowsk	As	Barabasch-Nikiforow 1928
63.	Tscherkassy	Ns	Orlow 1948
64.	Naturschutzgeb. „Kontscha Zaspa"	Bs	Charlemagne 1933
65.	Gebiet v. Shitomir	A	Woinstwenskij 1954
66.	Kamenec-Podolsk	A	Woinstwenskij 1954
67.	SW Tschernowcy	BJc	Klitin 1956; Klitin brfl. 1961
68.	Solka	B	v. Dalla-Torre u. v. Tschusi 1885
69.	Buçegi-Gebirge	A	Brehme 1962
70.	Retyezát	As	Congreve 1929
71.	Vitosha-Gebirge ↓	As	Harrison u. Pateff 1933
72.	Rila-Gebirge	A	Rensch 1934
73.	Courou-Dere (Stanimaka = Asenowgrad)	As	Harrison u. Pateff 1933
74.	Karlik (Tschepelare; VIII.)	As	v. Jordans 1940
75.	Alibotusch	Ac	Scharnke u. Wolf 1938
76.	Olymp	Aa	Peus 1957
77.	Parnassus	As	Ticehurst u. Whistler 1932
78.	Moskopole	As	Ticehurst u. Whistler 1932
79.	Gusinja	B	v. Führer 1901
80.	Vrbnica (Bez. Foča)	A	Reiser 1939
81.	Radačević (Olovo)	Ac	Reiser 1939
82.	Westabhang d. Žep (Han Pjesak)	Ac	Reiser 1939
83.	Crni vrh (Grmeč)	A	Reiser 1939
84.	Brod	A	Rucner 1950
85.	Abbazia (= Opatija)	As	Schiebel 1907

86. Hochobir	A	Schiebel 1919
87. Ampezzo	A	Vallon 1905
88. Campi	A	Fritsch 1909
89. Domodossola	Aa	Giglioli 1886
90. Gran Paradiso	Ba	Moltoni 1960
91. Oulx	As	Giglioli 1889
92. Monte Bignone (San Remo; 16. IX.)	As	Moltoni 1925
93. Mont Agel (Monte Carlo; XI.)	A	Ingram 1926
94. Sainte-Baume	As	Mayaud 1932
95. Sainte-Eulalie-de-Cernon (Causse du Larzac)	A	Mayaud 1934
96. Forêt des Fanges	Ac	Mayaud 1933
97. Mosqueruela (2. X.)	A	v. Jordans 1933
98. Sierra Espuña	Ac	Witherby 1928
99. Almoraima	Bc	Irby 1872
100. Tschardachlo ↓	A	Serebrowskij 1925

Anmerkungen

Zu P. 2:
S. Kapitel „Zur Verbreitung"; vgl. auch Engel 1952.

Zu P. 17:
Im größten Teil Jütlands brütet sie ziemlich häufig, nördlich des Limfjords etwas spärlicher (Løppenthin brfl. 1961).

Zu P. 40:
Parowschtschikow (brfl. 1961) bezeichnet *cristatus* als verbreiteten, stellenweise gemeinen Sommervogel an den Flüssen Peza, Cilma, Sula und Pinega; die Grenze schließt das gesamte System dieser Flüsse ein.

Zu P. 71:
Dem Balkangebirge (=Stara Planina) Bulgariens, das nur höchst spärliche (meist jüngere) Nadelholzinseln aufweist, scheint die Haubenmeise fern geblieben zu sein.

Zu P. 100:
Im Kaukasus-Gebiet scheint *Parus cristatus* nur als Strichgast aufzutreten; dieser Punkt stellt den einzigen Sommerfund dar.

LITERATUR

Alexander 1935 — Brit. Birds 28, 277.
Artobolewskij 1905 — Mém. Soc. Nat. Kiew 19, 186.
Artobolewskij 1923/24 — Bull. Soc. Nat. Moscou (2. ser.) 32, 189.
Barabasch-Nikiforow 1928 — Zap. Dnjipropetrow. Inst. Narod. Oswiti 2, 219.
Blagosklonow 1960 — Trudy Kandalak. Zapow. 2, 91.
Bogdanow 1871 — Pticy i zweri Powolshja. Kazanj. 92.
Brehme 1962 — Wiss. Z. Uniw. Greifswald 11, math.-nat. Reihe 1/2, 49.
Brouwer 1929 — Ardea 18, 23.
Burleigh 1919 — Auk 36, 502.
Charlemagne 1933 — Trav. Mus. Zool. (Inst. Rech. zool. biol. Acad. Sci. Ukraine) 12, 76.
Collett 1868 — Forh. Vid.-Selsk. Christiania. 15.
Congreve 1929 — Ibis (12) 5, 460.
v. Dalla-Torre u. v. Tschusi 1885 — Ornis 1, 381.
Danilow 1954 — Pticy Sredn. Urala i Zauralja. 237 (Manuskr.).
Engel 1952 — Bonn. Zool. Beitr. 3, 41.
Fritsch 1909 — Orn. Jb. 20, 144.
v. Führer 1901 — Orn. Jb. 12, 19.
Giglioli 1886 — Avifauna Italica. Firence. 161.
Giglioli 1889 — Primo resoc. orn. Ital. Firenze. 1, 278.
Grote 1928 — Orn. Mber. 36, 19.
Haftorn 1958 — Sterna 3, 107; 136.
Harrison u. Pateff 1933 — Ibis (13) 3, 518.
Haverschmidt 1931 — Ardea 20, 71.
Ingram 1926 — Birds Riviera. High Holborn. 30.
Irby 1872 — Ibis (3) 2, 199.
v. Jordans 1933 — Anz. Orn. Ges. Bayern 2, 257.
v. Jordans 1940 — Mitt. Naturwiss. Inst. Sofia 13, 90.
Jouard 1929 — Alauda 1, 28.
Jourdain 1937 — Ibis (14) 1, 118.
Kirikow 1952 — Pticy i mlek. jushn. Urala. Moskwa. 221.
Klitin 1956 — Praci eksped. Karpat i Prikarpatja 2, 123.
Lehtonen 1958 — Orn. Fenn. 35, 91.
Linkola 1961 — Orn. Fenn. 38, 138.
Lippens 1949 — Gerfaut 39, 223.
Løvenskiold 1949 — Stavanger Mus. Årb. 58, 130.
Macdonald 1957 — Scott. Naturalist 69, 57.
Matheson 1920 — Brit. Birds 14, 45.
Mayaud 1932 — Alauda 4, 222.
Mayaud 1933 — Alauda 5, 473.
Mayaud 1934 — Alauda 6, 241.
Merikallio 1958 — Finnish Birds. Helsinki. 146.
Meylan 1933 — Arch. suisses Orn. 1, 92.
Moltoni 1925 — Riv. Sci. Nat. „Natura" 16, 40.
Moltoni 1960 — Riv. Ital. Orn. 30, 113.
Nicholson et alii 1957 — Brit. Birds 50, 515.
Orlow 1948 — Zap. Tscherkasjk. Ped. Inst. 2/2, 102.
Ostroumow 1949 — Shiwot. mir Komi ASSR. Syktywkar. 45.
Peus 1954 — Bonn. Zool. Beitr. 5 (Sonderh.), 23.
Peus 1957 — Mitt. Zool. Mus. Berlin 33, 282.
Reis 1931 — Cat. sist. aves Portugal. Pôrto. 107.
Reiser 1939 — Ornis Balcan. Wien. 1, 65.
Rensch 1934 — Orn. Mber. 42, 4.
Rezcow 1910 — Mat. Fauna Flora Ross. 10, 260.
Rucner 1950 — Larus 3, 127.
Saunders 1884 — Ibis (5) 2, 372.
Scharnke u. Wolf 1938 — J. Orn. 86, 319.
Schiebel 1907 — Orn. Jb. 18, 198.
Schiebel 1919 — Orn. Jb. 28, 106.
Serebrowskij 1925 — Nouv. Mém. Soc. Nat. Moscou 18/2, 18.
Sewercow 1855 — Period. jawl. shizni zwerej, ptic i gad Woronesh. gub. Moskwa. 20.
Sokolow 1941 — Ornitofauna bass. Suchony. 147 (Manuskr.).
Somow 1897 — Faune orn. gouv. Charkov. Charkov. 96.
Stenhouse 1921 — Ibis (11) 3, 581.
Tait 1924 — Birds Portugal. High Holborn. 67.
Teplouchow 1921 — Anz. Tomsk. Orn. Ver. 1, 73.
Ticehurst u. Whistler 1928 — Ibis (12) 4, 673.
Ticehurst u. Whistler 1932 — Ibis (13) 2, 56.
Uschkow 1927 — Bull. Soc. Nat. Moscou 36, 97.
Vallon 1905 — Avicula 9, 131.
de Vries 1927 — Ardea 16, 53.
Witherby 1922 — Ibis (11) 4, 337.
Witherby 1928 — Ibis (12) 4, 435.
Witherby et alii 1952 — Handb. Brit. Birds. London. 1, 260.
Woinstwenskij 1954 — Pticy Sow. Sojuza. Moskwa. 5, 752.
Woltschaneckij 1928 — Zap. Ural. Ob. Jestest. 40/2, 43.
Woroncow 1949 — Pticy Kamsk. Priuralja. Gorjki. 79.
Zetterberg 1925 — Fauna och Flora 20, 125.
Zeuner 1950 — Dating the Past. London. 101.
Vaurie 1957 — Amer. Mus. Novit. 1852, 16.
Vaurie 1959 — Birds palearct. Fauna. Passeriformes. London. 486.

Briefliche Auskünfte erteilten: Løppenthin (Dänemark), Iljitschow, Klitin, Parowschtschikow und Popow (Sowjetunion), Steinbacher, G.; Überprüfung der Karte durch Portenko (Sowjetunion).

Parus cristatus L.

Haubenmeise

Verwandtschaft

Unter den Meisen der Palaearktis ist keine Art unserer Haubenmeise so ähnlich wie die ebenfalls oben bräunlich-graue und ebenfalls gehäubte „Birkenmeise" *Parus dichrous* Blyth, die im Montanwald des Himalaya und der Gebirge von West-China beheimatet ist. Aber selbst zwischen diesen beiden Arten sind die Färbungsunterschiede beträchtlich.

Gliederung

Die subspezifischen Abänderungen der Haubenmeise halten sich in engen Grenzen und sind durch allmähliche Übergänge miteinander verbunden. Am kleinsten und bräunlichsten sind die Populationen von Süd-Spanien, Portugal, der Bretagne und Schottland, am gräulichsten ist die Population des Ural. VAURIE (1957, 1959) unterscheidet 6 Subspecies.

Verbreitung und Oekologie

Vermutlich hat *Parus cristatus* die letzte Eiszeit in einem einzigen Rückzugsgebiet überdauert, das sich in SW-Europa befunden haben mag, und ist in postglacialer Zeit allmählich nach Norden, Osten und Nordosten vorgedrungen. In Skandinavien scheint dieser Prozeß noch nicht abgeschlossen zu sein.

Der Kiefer (vor allem *Pinus silvestris*, in Bulgarien auch *Pinus leucodermis*) hat sich die Haubenmeise in ihrem ganzen heutigen Areal besonders eng angeschlossen. In Mittel- und Nord-Europa ist sie vielerorts auf die Fichte (*Picea excelsa*) übergewechselt, und auf manchen Gebirgen, so auf dem Olymp (PEUS 1954) und im französischen Centralplateau (MEYLAN 1933), ist sie auch im reinen Tannenwald (*Abies*) zu finden. Ihre Biotop-Ansprüche können schon befriedigt sein, wenn in einem Laubwald oder Park eine kleine Gruppe hoher Koniferen eingesprengt ist.

Am Südhang der Alpen und auf der Balkan-Halbinsel wird die Ausbreitung der Haubenmeise durch einen klimatischen Faktor beschränkt. Sie kommt dort nur im Bergwald vor. Den Kiefernwaldungen der Niederung ist sie ferngeblieben.

In Süd-Spanien, und wahrscheinlich auch in Portugal, ist das nicht so. Dort hat die Haubenmeise als Subspecies *weigoldi* Tratz die in der Niederung verstreuten Bestände der Seekiefer (*Pinus maritima*) ziemlich dicht besiedelt, ja sie hat sich dort sogar an die Korkeiche (*Quercus suber*) angeschlossen und scheint sie mancherorts der Seekiefer vorzuziehen (JOURDAIN 1937). Diese oekologische Umstellung läßt sich nordwärts bis West-Galizien verfolgen, wo TICEHURST & WHISTLER (1928) die Haubenmeise im Bezirk Pontevedra „im Eichenmischwald" antrafen. Es scheint das eine Besonderheit der Subspecies *weigoldi* zu sein. Die übrigen Gebiete Spaniens werden von einer graueren Subspecies (nahe *mitratus* Brehm) eingenommen, die dort nur in den Kiefernwäldern der Gebirge vorkommt.

Kiefer, Fichte, Tanne und immergrüne Eichen haben die Eigenschaft gemeinsam, in ihrem ständig dicht begrünten Gezweig dem Vogel auch im Winter vollen Schutz zu gewähren, was für einen fest an den Ort gebundenen Standvogel sehr wesentlich ist. Dagegen ist die Haubenmeise weder für die Ernährung, noch für die Unterbringung des Nestes auf Koniferen angewiesen. Das Nest baut sie in faule Stümpfe von allerlei Laub- oder Nadelbäumen, in vorgefundene Baumhöhlen, in die Fundamente von Raubvogel-Horsten usw.

Nicht nur die Oekologie, sondern auch die Verbreitung der Haubenmeise läßt sich zum Teil aus der Tatsache erklären, daß dieser Vogel überaus zäh an seinem einmal gewählten Standort festhält und ihn gewöhnlich selbst in strengen Wintern nicht verläßt. LEHTONEN (1958) hat dazu folgende bei Helsinki gemachte Feststellungen bekanntgegeben: „Von den Nestlingen der Haubenmeise, die der Verfasser im Jahre 1951 beringt hatte, konnten zwei bis zum Jahre 1953 verfolgt werden. Der eine Vogel entfernte sich 250 m von dem Nest, in dem er geschlüpft war, wurde 32mal gesehen und wohnte $1^1/_2$ Jahre lang in einem 350 × 350 m großen Gebiet. Der andere entfernte sich vom Nest 500 m, wurde 16mal angetroffen und wohnte 2 Jahre 5 Monate lang in einem 450 × 500 m großen Gebiet". Gleichfalls bei Helsinki stellte LINKOLA (1961) fest, daß die Haubenmeise sich scheut, Wasserflächen zu überfliegen, die breiter als 200 m sind.

Demnach muß *Parus cristatus* als Begleiterin der Kiefer nach Britannien vorgedrungen sein, bevor der Ärmelkanal entstand, also in der borealen Phase (vor mindestens 9000 Jahren nach der Schätzung von ZEUNER 1950). Dort wurde *Pinus silvestris*, und somit auch die Haubenmeise, während der Klimamilderung der Atlantischen Phase nach Schottland abgedrängt. Noch immer ist die schottische Population (*Parus cristatus scoticus* Pražak) der bretonischen (*abadiei* Jouard) trotz klimatischer Unterschiede beider Wohngebiete sehr ähnlich.

Wohl deswegen, weil sie es scheut, Wasserflächen und offenes Gelände zu überfliegen, hat die Haubenmeise, als sie im Postglacial allmählich von W-Europa nach Osten vorrückte, weder die Krim noch den Kaukasus besiedelt (s. aber P. 100). Die Straße von Gibraltar hat ihr den Weg zu den Nadelwäldern von Marokko versperrt (die Richtigkeit der von ENGEL 1952 mitgeteilten Angabe von BERNATZIK „Haubenmeise in den Cedernwäldern des Rif" wagen wir anzuzweifeln). In Italien ist sie im Ligurischen Appennin stecken geblieben.

Der steile Abfall der nördlichen Verbreitungsgrenze jenseits von 52 °E steht höchstwahrscheinlich in ursächlichem Zusammenhang mit dem Verlauf der Winter-Isotherme. Eine ähnliche Kurve beschreibt die Nordgrenze einiger anderer kleiner Standvögel, wie *Regulus regulus* und *Certhia familiaris*.

Bei dieser Vogelart hat uns ENGEL (1952) durch seine gründliche und an Einzelheiten reiche Abhandlung über „Die Verbreitung der Haubenmeise" eine Vorarbeit geleistet, die uns viel genützt hat. Seine Verbreitungskarte, nach den später in unserem „Atlas" befolgten Grundsätzen angelegt, weicht nur in Einzelheiten von der unsrigen ab.

Wanderungen

Fast durchweg Standvogel. Streifereien nach der Brutzeit (in der Ukraine ab Ende Juni) erstrecken sich zuallermeist nur über wenige Kilometer, doch sind einzelne Vögel auch weitab vom Brutgebiet gefunden worden, so bei Bukarest, auf der Krim, in Transkaukasien (s. P. 100), ja selbst am Irtysch und im Tian-Schan (PORTENKO brfl. 1963).

Ort		Quelle
29. Mias	Bs	Snigirewskij 1929
30. Kataw-Iwanowsk	A	Coll. Zool. Inst. Leningrad (Portenko brfl. 1961)
31. Orenburg (= Tschkalow)	B	Zarudnyj 1888
32. Kreis Buguruslan	A	Ispolatow 1912
33. Saratow ↓	B	Domaniewski 1916
34. Sawalsker Försterei (Rayon Ternowka)	Ba	Kadotschnikow 1957
35. Bobrow	A	Coll. Suschkin (Portenko brfl. 1961)
36. Prowalsker Steppe	B	Woltschaneckij 1950
37. Wolnowacha	Bs	Budnitschenko 1949
38. N u. W Gouv. Jekaterinoslaw (= Dnjepropetrowsk)	Ba	Walch 1911
39. Tschernyj les (= Quellgebiet v. Ingulec u. Ingul)	B	Schewtschenko 1940
40. zw. Pestschana u. Bandurowo ↓	Bc	Portenko 1928
41. Buşteni	A	Brehme 1962
42. W Zibinsgebirge	A	Zimmermann 1920
43. Retyezát	As	Congreve 1929
– Câpâlnas	Nc	Congreve 1929
44. Zlotska Planina	A	Matvejev 1948
45. Kamtschyja	Ba	v. Jordans 1940
	As	Mauersberger 1960a
46. Klisura ↓	As	Mauersberger u. Stübs unveröffentl.
47. Tschemernik Planina (9. VIII.)	J	Matvejev 1948
48. Prokletije (SW Peć)	A	Matvejev 1950
49. Tara Planina (5. VIII.)	As	Matvejev 1951
50. Osječenica-Gebirge	As	Reiser 1939
51. Plitvicaseen-Nationalpark	Ba	Rucner 1956
52. Kupa-Quelle	Na	Rucner 1950
53. Bacher-Gebirge	Bs	Reiser 1925
54. Stift Rein	Na	Bauer 1890
55. Gastein	Js	Eder 1898
56. Füssen	A	Hammling u. Schulz 1911
57. Hoher Bogen	As	Mayhoff 1911
– Bayrisch Eisenstein	Ns	Mayhoff 1911
– Schwarzer Regen/Bayr. Wald	As	Weber 1958
58. Kubany	As	v. Tschusi 1871
59. Stadtprozelten ↓	B	Stadler 1929
60. Zilgendorf	Bs	Brückner 1926
61. Station Slawjanskaja (NW Krasnodar)	B	Kistjakowskij 1932
62. Stawropol	B	Budnitschenko 1955; Budnitschenko 1960
63. Dzaurikau (Ordshonikidze)	Js	Boehme 1926
64. Telawi	Bs	Tschchikwischwili 1930
65. Lagodechi	Bs	Portenko brfl. 1961
– Umgeb. Zakataly	Bs	Serebrowskij 1925
66. SE Kaukasus in Azerbajdshan	A	Gambarow 1954
67. Lerik	B	Satunin 1907
– Astara	J	Radde 1884
68. Sefid-Rud	Bc	Stresemann 1928
69. Astarabad (= Gürgen) ↓	Ac	Stresemann 1928
70. Pol-e-sefid	As	Paludan 1940
71. Rustem-abad (N Kazwin)	As	Coll. Zool. Inst. Leningrad (Portenko brfl. 1961)
72. Uzuntala	J	Laister u. Sosnin 1942
73. Zekar-Schlucht	B	Shordanija 1962
74. Tschuruksu (zw. Batumi u. Poti)	Jc	Dombrowskij 1913
75. Kap Pizunda	Bs	Bernackij 1958
76. Sotschi	Ba	Suschkin 1914b
77. Pschada (SE Gelendshik)	J	Puzanow 1938

Anmerkungen

Zu P. 8:

Trotz einer Umfrage (vgl. Mauersberger 1960 b und 1961) ließ sich aus dem vermuteten Grenzbereich (zwischen dem Zittauer Gebirge und Bernau) kein Brutvorkommen ermitteln; die nächsten uns bekannten Brutplätze östlich davon liegen erst im Glatzer Bergland und im Eulengebirge (Kollibay 1910). Freilich sind die in Frage kommenden Gegenden westlich der Neiße ungenügend durchforscht.

Zu P. 13:

Ob die vielen neuen Nachweise in Schleswig-Holstein, aber auch in Skandinavien, nur auf intensiverer faunistischer Betätigung in den letzten Jahren beruhen oder ob sie eine Ausbreitung nach Westen bezeichnen, läßt sich nicht entscheiden. Gegen einen Vorstoß größeren Umfanges in Nordeuropa könnten die vielen Herbstfunde in Großbritannien (vgl. z. B. Williamson 1959) sprechen. Weitere Herbstnachweise in Norwegen (Bernhoft-Osa 1960), Dänemark (Hansen 1962), Frankreich (Hoffmann u. Muller 1958, Mayaud 1963) und sogar in Spanien (nicht ganz sicher, Värdson 1950, Danielson 1958) und Tunesien (Heim de Balsac u. Mayaud 1962) weisen auf eine gewisse Regelmäßigkeit hin; freilich fehlen zwingende Beweise für den Winteraufenthalt (der 6. XII. in der Camargue ist das späteste Datum) wie für den Heimzug. Williamson (1959) erklärt das starke Auftreten in Großbritannien mit Verdriftung.

Zu P. 16:

Die schwedische Literatur verzeichnet, vor allem in den letzten Jahren, eine sehr große Anzahl von Frühjahrsbeobachtungen auch in nördlicheren Landesteilen (z. B. Stockholm, Uppsala, ja sogar Lappland). Vgl. Otterlind 1944 und die Anm. zu P. 13. Regelmäßig brütet *parva* aber wohl nur im Süden.

Zu P. 21:

Der Grenzziehung in Finnland liegt die Spezialkarte bei Merikallio (1958) zu Grunde.

Zu P. 33:

Zwei Angaben aus dem Gebiet der unteren Wolga, nämlich vom Elton-See (Woltschaneckij et alii 1950) und von Solenoje Zajmischtsche (Argiropulo 1928), betreffen wohl trotz ausgesprochener Vermutung des Brütens nur Zug.

Zu P. 40:

Vielleicht biegt die Grenze am Lauf von Dnjestr und Pruth noch weiter nach Norden aus; erst aus der Gegend von Tarnopol am oberen Dnjestr sind uns Beobachtungen bekannt (Ali u. Whistler 1941).

Zu P. 46:

Das noch kaum erforschte Balkan-Gebirge (= Stara Planina) in Bulgarien ist fast ausschließlich mit Buchenmischwald bestanden; dieser Fund ist der erste.

Zu P. 59:

Dieser Raum umschließt eine Häufung einzelner Brutfälle und Beobachtungen (vgl. z. B. auch Bruns 1959, Gengler 1927, Stadler 1912). — Auch zwischen Aller und Ems sind mehrere Sommerfunde bekannt geworden, die aber (auch im Falle der Brut bei Schötmar/Lippe, Wolff 1919) offenbar zu keiner Ansiedlung geführt haben.

Zu P. 69:

Nach Angaben Zarudnyjs soll *parva* auch noch weiter östlich brüten (Kopet Dagh, ja sogar in NE-Chorasan). Dementjew et alii 1955 bestreiten die Wahrscheinlichkeit des Brütens im Kopet-Dagh. Da Zarudnyj oftmals das Nisten für Gegenden verzeichnet, die er laut Itinerar zur Brutzeit gar nicht besucht hat, haben wir auf die Wiedergabe so unzuverlässiger Nachrichten verzichtet.

FUNDORTLISTE

für *Muscicapa p. albicilla*

1. Wjatka (= Kirow)	A	JOHANSEN 1954
2. Oberlauf d. Manja (VIII.)	J	PORTENKO 1937
3. Mittellauf d. Trom-Jugan	J	SCHARONOW brfl. 1962
4. Tas-Quelle	Bc	SCALON u. SLUDSKY 1936
5. Fluß Artugina	Bc	SCALON u. SLUDSKY 1936
– Fluß Elogui	A	SCALON u. SLUDSKY 1936, JOHANSEN 1954
6. Mündung der Unteren Tunguska	As	POPHAM 1898
7. Konon-See	Js	PORTENKO brfl. 1963
8. Tura	Bc	TKATSCHENKO 1937
9. Mittellauf der Unteren Tunguska	Bc	TKATSCHENKO 1937
10. Mittellauf des Wiljuj	Ns	ANDREJEW 1953
11. Suntar (VII.)	A	Coll. Zool. Inst. Leningrad (PORTENKO brfl. 1961)
– Elgjaj (VII.)	A	Coll. Zool. Inst. Leningrad (PORTENKO brfl. 1961)
12. Fluß Lungcha (Mitte V.)	As	MAAK 1886
13. Aldan-Mündung	As	IVANOV 1929
14. Fluß Batyntaj (ca. 100 km N Werchojansk)	Bs	NAUMOW u. LABUTIN 1961
15. Fluß Kumach	A	TKATSCHENKO 1932
16. Fluß Indigirka (40 km unterh. d. Ujandina-Mündung	Js	MICHEL 1935
17. Markowo	Ns	PORTENKO 1939
18. Ober- u. Mittellauf d. Atschaj-Wajam	NJ	PORTENKO brfl. 1961
19. Klutschi	A	BERGMAN 1935
20. Kronocker Naturschutzgebiet (Unterlauf der Olga)	Bc	AWERIN 1948
21. Awatscha-Bay	A	BERGMAN 1935
– Petropawlowsk	J	Coll. Zool. Inst. Leningrad (PORTENKO brfl. 1961)
22. Paramushiru (VII.)	As	YAMASHINA 1931
23. Flüsse Ochota, Ketanda, Urak	A	LINDGOLM 1959
24. Schantar-Inseln	B	GIZENKO 1955
25. Amur-Mündung	Js	GIZENKO 1955
26. Sofijsk	BJc	NETSCHAJEW 1960
27. Bomnak	As	STEGMANN 1931
28. Kumara	BJc	NEJFELDT brfl. 1961
29. Schilkinskij zawod	A	MAAK 1859
30. Oberlauf der Tschita	Ja	PAWLOW 1948
– Gebiet v. Arachlej-, Iwan-, Tasej-See	Nsa	PAWLOW 1948
31. SW (= Baga-)Kentei	B	KOZLOWA 1930
32. Fluß Tola b. Ulan-Bator (= Urga; 1. VIII.)	J	TUGARINOW 1932
33. Chairchan	A	SUSCHKIN 1914a
34. Fluß Gunzen (Nordhang d. Tarbagataj; 10. VIII.)	Js	KOZLOWA 1932
35. Czusylan	A	SUSCHKIN 1938
36. Tulta (Schwarzer Irtysch)	A	SUSCHKIN 1914a
37. Telecker See	J	SUSCHKIN 1938
38. Ustj-Kabyrza (Anfang VIII.)	As	ZALESSKIJ 1930
39. Wyjezskij Log	A	TUGARINOW 1913
40. Umgebung Krasnojarsk	Jc	JUDIN 1952
– Donnikowa	J	JUDIN 1952
41. Yeniseisk (= Jenisejsk)	As	POPHAM 1898
42. Fluß Tym	A	JOHANSEN 1954
43. Nikitoiwdel (= Iwdel)	Ns	REZCOW 1904
44. Perm (= Molotow)	A	JOHANSEN 1954

Anmerkung

Zu P. 1:

Wie sich die beiden Formen in diesem Raum, wo offenbar ein Keil von *albicilla* tief in die Front von *parva* vorgestoßen ist, zueinander verhalten, ob sie Bastarde bilden (JOHANSEN 1954 nennt nach PERSCHAKOW Mischexemplare im Kama-Waldgebiet häufig, sonst scheinen solche nur außerhalb des Brutgebietes gefunden worden zu sein; VAURIE 1954, PORTENKO brfl. 1963), ja ob sich ihre Areale überhaupt berühren, ist bisher noch unklar. Wir zogen darum eine getrennte Darstellung vor.

FUNDORTLISTE

für *Muscicapa p. subrubra*

a. Wular-See ↓	Bc	BATES u. LOWTHER 1952
b. Sind-Tal	Nc	DAVIDSON 1898
c. Dras-Tal	Ns	OSMASTON 1926
d. Suru-Tal	Ns	OSMASTON 1926
e. Lidar-Tal	Nc	OSMASTON 1927
f. Phedi (Mussoori = Masuri; Anfang V.)	As	BROOKS 1875

Anmerkung

Zu P. a:

Die immer wiederholte Angabe in den Handbüchern, *subrubra* brüte von der afghanischen Grenze bis nach Gharwal, scheint sich nur auf die in der Karte verwerteten Nachweise zu stützen (ALI brfl. 1963). Wirklich häufig nistet diese Form nach unseren Kenntnissen lediglich in den Tälern von Rajpur und Rampur um den Wular-See (BATES u. LOWTHER 1952).

LITERATUR

ALI u. WHISTLER 1935 — J. Bombay Nat. Hist. Soc. 38, 295.
ALI u. WHISTLER 1941 — J. Bombay Nat. Hist. Soc. 42, 716.
ALLÉON u. VIAN 1873 — Rev. Mag. Zool. (3) 1, 261.
ANDREJEW 1953 — Pticy Srednego Wiljuja. Jakutsk. 110.
ARGIROPULO 1928 — Ann. Mus. Zool. Leningrad 29, 32.
ASCHENBRENNER u. PETERS 1958 — Egretta 1, 20.
AWERIN 1948 — Trudy Kronock. zapow. 1, 69.
BALTHASAR 1950 — Sylvia 11–12, 13.
BATES u. LOWTHER 1952 — Breeding Birds Kashmir. London. 102.
BAUER 1890 — Orn. Jb. 1, 116.
BECKMANN 1951 — Vogelwelt Schl.-Holstein. Neumünster. 44.
BERGMAN 1935 — Nordostasiat. Vögel. Stockholm. 67.
BERNACKIJ 1958 — Trudy Abchaz. Muz. 3, 71.
BERNHOFT-OSA 1960 — Sterna 4, 97.
v. BESSERER 1903 — Verh. Orn. Ges. Bayern 3, 232.
BOEHME 1926 — Bull. Inst. Explor. Caucase Nord 1, 209.
BOLLVIK 1950 — Vår Fågelv. 9, 214.
BREHME 1962 — Wiss. Z. Uniw. Greifswald 11, math.-nat. Reihe 1/2, 46.
BROOKS 1875 — Stray Feathers 3, 236.
BRUCKNER 1926 — Tierwelt Coburger Landes. Coburg. 47.
BRUNS 1959 — Anz. Orn. Ges. Bayern 5, 189.
BUDNITSCHENKO 1949 — Sborn. trud. Stawropol. ped. inst. 5, 21.
BUDNITSCHENKO 1955 — Zool. Sh. 34, 1134.
BUDNITSCHENKO 1960 — Bull. Soc. Nat. Moscou 65/3, 41.
CARLSSON 1959 — Vår Fågelv. 18, 53.

Černý 1936 — Sylvia 1, 59.

Christiansen u. Poulsen 1941 — Dansk orn. Foren. Tidsskr. 35, 153.

Congreve 1929 — Ibis (12) 5, 465.

Danielsson 1958 — Vår Fågelv. 17, 199.

Danilow 1954 — Pticy Sredn. Urala i Zauralja. 252 (Manuskr.).

Davidson 1898 — Ibis (7) 4, 20.

Deignan 1945 — Birds Northern Thailand. Washington. 440.

Dementjew et alii 1955 — Zap. Mosk. Uniw. 171, 148.

Domaniewski 1916 — Trav. Soc. Sci. Varsovie (3. Classe) 18, 109.

Dombrowskij 1913 — Trav. Soc. orn. Kief 1/1, 109.

Eder 1898 — Orn. Jb. 9, 16.

Flach 1957 — Vår Fågelv. 16, 114.

Flach u. v. Schultz 1958 — Fauna och Flora 53, 32.

Gambarow 1954 — Trudy Inst. Zool. Akad. nauk Azerb. SSR 17, 94.

Gengler 1927 — Verh. Orn. Ges. Bayern 17, 457.

Gizenko 1955 — Pticy Sachalinsk. Obl. Moskwa. 268.

Grosse 1955 — Mitt. faun. Arbeitsg. Schl.-Holst. 8, 56.

Grote 1940 — J. Orn. 88, 355.

Gustafson 1944 — Vår Fågelv. 3, 100.

Hammling u. Schulz 1911 — J. Orn. 59, 427.

Hansen 1962 — Dansk orn. Foren. Tidsskr. 56, 209.

Hartert 1910 — Novit. Zool. 17, 227.

Heim de Balsac u. Mayaud 1962 — Oiseaux Nord-Ouest Afrique. Paris. 350.

Höjer u. Norbeck 1959 — Vår Fågelv. 18, 53.

Hoffmann u. Muller 1958 — Alauda 26, 70.

Ispolatow 1912 — Messag. orn. 3, 34.

Ivanov 1929 — Matér. Comm. Etude Jakoute 25, 118.

Johansen 1954 — J. Orn. 95, 68.

v. Jordans 1940 — Mitt. Naturwiss. Inst. Sofia 13, 100.

Judin 1952 — Trudy Zool. Inst. Akad. nauk SSSR 9, 1039.

Kadotschnikow 1957 — Trudy Wsjesojuzn. inst. zaschtsch. rastenij 8, 205.

Kistjakowskij 1932 — Trudy zaschtsch. rast. 4/2, 134.

Kollibay 1910 — Orn. Mber. 18, 78.

Kozlowa 1930 — Pticy Zabajkalja, Sew. Mongolii i centr. Gobi. Leningrad. 236.

Kozlowa 1932 — Trudy Mongolsk. Komiss. 3, 75.

Kozlova 1933 — Ibis (13)3, 309.

Kuhk 1939 — Vögel Mecklenburgs. Güstrow. 89.

Laister u. Sosnin 1942 — Ornis Armeniaca. Erewan. 321.

Lindgolm 1959 — Soobschtsch. Dalnewost. Fil. Sibirsk. otdel. Akad. nauk SSSR 11, 138.

Maak 1859 — Puteschestwije na Amur. St.-Petersb. 131.

Maak 1886 — Wiljujsk. okrug Jakutsk. obl. St.-Petersb. 2, 157.

Mathey-Dupraz 1921 — Orn. Beob. 18, 186.

Matvejev 1948 — Larus 2, 83.

Matvejev 1950 — Ornithogeogr. Serbica. Beograd. 190.

Matvejev 1951 — Trav. Inst. Ecol. Biogeogr. Beograd 11/2, 94.

Mauersberger 1960a — J. Orn. 101, 118.

Mauersberger 1960b — Falke 7, 96.

Mauersberger 1961 — Falke 8, 209.

Mauersberger 1964 — Falke 11, 128.

Mayaud 1963 — Alauda 31, 46.

Mayhoff 1911 — Verh. Orn. Ges. Bayern 10, 150.

Mayhoff 1923 — Verh. Orn. Ges. Bayern 15, 252.

Meinertzhagen 1938 — Ibis (14) 2, 676.

Merikallio 1958 — Finnish Birds. Helsinki. 133.

Michalowskij 1880 — Trav. Soc. Nat. St.-Pétersb. 11/1, 23.

Michel 1907 — Orn. Jb. 18, 1.

Michel 1935 — Trans. Arc. Inst. 31, 85.

Naumow u. Labutin 1961 — Bull. Soc. Nat. Moscou 66/6, 120.

Netschajew 1960 — Wopr. geogr. Daln. Wostoka 4, 266.

Niethammer 1937 — Handb. Deutsch. Vogelkunde. Leipzig. 1, 283.

Osmaston 1926 — J. Bombay Nat. Hist. Soc. 31, 187.

Osmaston 1927 — J. Bombay Nat. Hist. Soc. 31, 987.

Otterlind 1944 — Vår Fågelv. 3, 41; 72.

Paludan 1940 — Dan. Sci. Invest. Iran. Copenhagen 2, 44.

Paludan 1959 — Vidensk. Medd. Dansk. nat. hist. Foren. 122, 243.

Parowschtschikow 1959 — Ornitologija 2, 102.

Parrot 1909 — Verh. Orn. Ges. Bayern 9, 226.

Pawlow 1948 — Pticy i zweri Tschitinsk. obl. Tschita. 62; 137.

Petterson 1961 — Vår Fågelv. 20, 168.

Plesskij 1948 — Zap. Kirowsk. ped. inst., Fak. jestest. 4, 66.

Popham 1898 — Ibis (7) 4, 501.

Portenko 1928 — Bull. Soc. Nat. Moscou 37, 171.

Portenko 1937 — Bird Fauna North Urals. Moskwa-Leningrad. 125.

Portenko 1939 — Birds Anadyr Region. Leningrad. 1, 102.

Prasse 1964 — Falke 11, 129.

Puzanow 1938 — Trudy Gruzin. Akad. nauk, Zool. 2, 141.

Radde 1884 — Ornis Caucas. Kassel. 285.

Rand u. Fleming 1957 — Fieldiana: Zool. 41/1, 174.

Reiser 1925 — Mitt. Naturwiss. Ver. Steierm. 61, 67.

Reiser 1939 — Ornis Balcan. Wien. 1, 154.

Reye 1951 — Orn. Mitt. 3, 233.

Rezcow 1904 — Mat. Fauna Flora Ross. 6, 179.

Riley 1930 — Proc. Unit. States Nat. Mus. 77/15, 30.

Rucner 1950 — Larus 3, 136.

Rucner 1956 — Larus 8, 46.

Satunin 1907 — Mat. ptic Kawkaz. kraja. Tiflis. 67.

Scalon u. Sludsky 1936 — Gerfaut 26, 30; 46.

Schäfer 1938 — J. Orn. 86 (Sonderh.), 248.

Schelcher 1915 — Verh. Orn. Ges. Bayern 12, 107.

Schewtschenko 1940 — Proc. Zool. Inst. Kharkov Univ., ecol. 8–9, 129; 133.

Serebrowski 1925 — Nouv. Mém. Soc. Nat. Moscou 18/2, 20.

Shordanija 1962 — Ornitofauna mal. Kawkaza (Gruzinsk. SSR). Tbilisi. 230.

Smythies 1953 — Birds Burma. Edinburgh-London. 140.

Snigirewskij 1929 — Orn. Skizze Ilmen-Reserv. Zlatoust. 19.

Stadler 1912 — Verh. Orn. Ges. Bayern 11, 16.

Stadler 1929 — Ber. Ver. Schles. Orn. 15, 17.

Stegmann 1931 — J. Orn. 79, 190.

Steinbacher 1938 — Märk. Tierw. 3, 166.

Stresemann 1928 — J. Orn. 76, 330; 373.

Stresemann et alii 1937 — J. Orn. 85, 526.

Suschkin 1914a — Mat. Fauna Flora Ross. 13, 277.

Suschkin 1914b — Messag. orn. 5, 8.

Suschkin 1938 — Birds Soviet Altai. Moskwa-Leningrad. 2, 150.

Svärdson 1950 — Vår Fågelv. 9, 26.

Tischler 1941 — Vögel Ostpreußens. Königsberg-Berlin. 1, 319.

Tkatschenko 1932 — Trudy sowj. izutsch. proizwod. sil, ser. jakut. 5, 37.

Tkatschenko 1937 — Izwest. Irkutsk. Muz. 2 (57), 161.

Tschchikwischwili 1930 — Mat. Kenntn. Transkauk., Ser. A, Naturwiss., 1, 113.

v. Tschusi 1871 — J. Orn. 19, 72.

Tugarinow 1913 — Messag. orn. 4, 88.

Tugarinow 1932 — Trudy Mongolsk. Komiss. 1, 33.

Vaurie 1954 — Amer. Mus. Novit. 1694, 4.

Walch 1911 — Messag. orn. 2, 262.

Weber 1944 — Beitr. Fortpfl. Biol. Vögel 20, 98.

Weber 1958 — J. Orn. 99, 160.

Wendland 1956	Falke 3, 90.
Whistler u. Kinnear 1932	J. Bombay Nat. Hist. Soc. 36, 81.
Williamson 1959	Brit. Birds 52, 360.
Wolff 1919	Orn. Mschr. 44, 60.
Woltschaneckij 1950	Trudy Inst. Biol. Charkow. Uniw. 14–15, 140.
Woltschaneckij et alii 1950	Zool. Sh. 29, 501.
Yamashina 1931	J. Orn. 79, 507.
Zalesskij 1930	Trudy Ob. izutsch. Sibiri 5, 37.
Zarudnyj 1888	Mém. Acad. Sci. St.-Pétersb. 57/1 (Beilage), 89.
Zimmermann 1920	J. Orn. 68, 345.

Briefliche Auskünfte erteilten: H. Johansen, Kumari, Nejfeldt, Parowschtschikow, Portenko, Scharonow (Sowjetunion), Aschenbrenner (Schweden, Österreich), Ali (Indien), Berndt (Niedersachsen). — Eine größere Zahl weiterer Meldungen (für Deutschland) findet an anderer Stelle Berücksichtigung (Mauersberger 1964); sie konnten hier nicht alle genannt werden.

Muscicapa parva Bechstein

Zwergschnäpper

Verwandtschaft

Die im „Atlas" verwendeten wissenschaftlichen Namen entsprechen denen in Niethammers „Handbuch der deutschen Vogelkunde". Hier heißt der Zwergschnäpper *Muscicapa parva*. Triftige Gründe sprechen jedoch für die Zerlegung der unübersichtlichen Sammelgattung *Muscicapa* in eine ansehnliche Zahl kleiner Gattungen (siehe die Bemerkung *Muscicapa albicollis*, Abschnitt „Verwandtschaft"). Am nächsten steht der Zwergschnäpper einem Fliegenschnäpper des Himalaya und der Gebirge West-Chinas, „*Muscicapa*" *strophiata* (Hodgson), Typus der Gattung *Siphia* Hodgson. Er wird daher seit 100 Jahren von vielen Autoren als *Siphia parva* bezeichnet.

Verbreitung und Gliederung

Das geschlossene Areal des Zwergschnäppers reicht vom Gestade des Pazifik bis dicht an den Atlantik; dennoch lassen sich in diesem Raum nur zwei Subspecies unterscheiden; die westliche *M. p. parva* Bechstein und die östliche *M. p. albicilla* Pallas. Sie grenzen im Uralgebirge aneinander. In beiden Geschlechtern hat *albicilla* schwärzliche, *parva* braune Oberschwanzdecken (es kommen aber, nach Portenko in litt., auch mitten im Wohngebiet von *parva* Exemplare mit schwärzlichen Oberschwanzdecken vor); die Oberseite ist bei *albicilla* dunkler als bei *parva*.

Es liegt nahe, die Klüftung der Species in zwei Subspecies als eine Folge späteiszeitlicher Klimaverhältnisse zu deuten, unter deren Druck die asiatischen Populationen nach Ost-Sibirien, die osteuropäischen nach dem Kaukasus und Nord-Persien gedrängt wurden.

In diesen beiden Refugien mögen sich die nun voneinander isolierten Gruppen subspezifisch differenziert haben; *parva* hat sich dann in postglacialer Zeit nach Norden und Westen ausgebreitet. An der Westgrenze (in Nordwest-Deutschland) und in Skandinavien dringt sie seit dem vorigen Jahrhundert langsam nach Westen vor. Aber noch immer wandern die Populationen, auch die westlichsten, zum Überwintern nach Indien, also nach dem winterwarmen Land, das dem einstigen kaukasischen Refugium näher liegt und von dort aus gefahrloser zu erreichen war als das tropische Ost-Afrika. Umgekehrt verhält es sich hierin mit dem Grauschnäpper (*Muscicapa striata*), der sich von Westen nach Osten ausgebreitet hat. Alle Populationen des Grauschnäppers, sogar die über den Yenissei vorgedrungenen, überwintern in Afrika, das — so muß man folgern — seinem postglacialen Ausbreitungszentrum näher gelegen hat als Indien.

M. p. albicilla ist im Postglacial von Osten her über West-Sibirien bis zum Uralgebirge gelangt, wo sie auf *M. p. parva* gestoßen ist. In der Kontaktzone mag eine variable Mischpopulation entstanden sein, was aber von Portenko (in litt.) bezweifelt wird.

Von diesen beiden Subspecies der nördlichen Palaearktis weicht die dritte Form, *subrubra* Hartert & Steinbacher (= *hyperythra* Cabanis), stark ab. Ihr Areal, beschränkt auf die Gebirgswälder von Kaschmir und Gharwal, ist weit abgelegen. Sie ist viel kräftiger gefärbt als *parva* und *albicilla*, und das Rostrot der Kehle des Männchens ist seitlich durch eine schwarze Linie begrenzt. Hinzu kommt ein Unterschied in der Stufung der Handschwingen. Der Umriß des Flügels ist bei *subrubra* abgerundeter, weil die 9. Handschwinge kürzer als die 4., bei *parva* und *albicilla* dagegen stets länger als die 4. ist. Dieser Unterschied wird wohl damit zusammenhängen, daß *subrubra* zum Überwintern längst nicht so weit wandert wie die beiden Nordpalaearkten (nämlich nur von Kaschmir bis Ceylon). Aber dennoch fühlt sich mancher Systematiker versucht, der Form *subrubra* den Rang einer Art zuzubilligen, wie das Whistler & Kinnear (1932) getan haben.

Spezialkarte bei Merikallio 1958 (Finnland).

Oekologie

Im südlichen Teil seines Verbreitungsgebiets bewohnt der Zwergschnäpper zur Brutzeit meistens geschlossene oder schwach gelichtete Mischwälder, besonders solche, die an sonnigen Berglehnen hinaufziehen (Weber 1958). In Norddeutschland (westlich der Oder) und in Oberbayern bevorzugt er den alten Buchenwald, in Ostpreußen „Mischwälder, meist Fichtenwälder, die mit Weißbuchen, Eichen, Rüstern, Linden, Ahornen und Espen gemischt sind" (Tischler 1941). Bei Archangelsk findet man ihn in trockenen hochstämmigen Fichtenwäldern an lichten Standorten (Parowschtschikow 1959), in Jakutien findet man ihn in hochstämmigen Fichtenwäldern mit dichtem Unterwuchs, seltener in Lärchenwäldern (Iwanow 1929), auf Kamtschatka und im Altai vor allem im Birkenwald (Awerin 1948, Suschkin 1938). Im Anadyr- und Korjaken-Lande nistet er, nach Portenko in litt., im hohen Gebüsch mit einzeln zerstreuten Bäumen.

Sein Nest baut er meist in Astlöcher oder Spechthöhlen, in ausgefaulte Nischen morscher Baumstümpfe, aber zuweilen auch in Stammausschläge und tiefe Astgabeln (Weber 1958).

Wanderungen

Alle Zwergschnäpper wandern im Herbst nach Süd-Asien, wo *M. p. parva* in den westlichen, *M. p. albicilla* in den östlichen Bezirken den Winter verbringt. Dort findet man sie in Bäumen, gleichviel ob sie einzeln oder in Gruppen stehen.

a) *parva*. Alle Populationen begeben sich nach Nordwest-Indien. Von dort wandern viele weiter nach Süden bis etwa 16° N, vor allem aber nach Osten und Südosten bis etwa 84° E. Aus seinen gründlichen Literaturstudien hat Grote (1940) gefolgert, daß die zentralen Provinzen Indiens das am dichtesten besetzte Winterquartier dieser Subspecies seien. Vgl. aber die Anm. zu *P. 13*.

Auf ihrer Wanderung nach Transkaukasien (und weiter über Nord-Iran und Afghanistan nach Nordwest-Indien) umgehen die westlichen Populationen das Schwarze Meer teils im Norden, teils im Süden; ob manche über dieses Hindernis hinwegfliegen, ist unbekannt; Portenko (in litt.) bezweifelt das. Am Bosporus ist der Zwergschnäpper nach Alléon & Vian (1873) „assez commun" von Anfang September bis Ende Oktober; Mathey-Dupraz (1921) fand ihn am Bosporus im Herbst „abondant" in den Rebenpflanzungen und Gärten.

Ringfund: Beringt in Ottenby (Schweden) 13. September 1955, gefangen an der Südküste des Kaspi bei Babul-i-Sar 11. Oktober 1957 (Danielsson 1958).

b) *albicilla*. Das Winterquartier ist sehr ausgedehnt. Es überwintern nämlich sibirische Zwergschnäpper auf Hainan (Hartert 1910), in ganz Indochina (vielleicht auch im südlichsten Yünnan), Siam, Burma und in den östlichen Provinzen Indiens (westwärts bis etwa 86° E). Manche erscheinen im Winter in den südlichen Landschaften der Vorderindischen Halbinsel (Haiderabad, Mysore), zuweilen sogar in Travancore (Grote 1940, Ali & Whistler 1935). Ob sie von Bengalen aus den Zug nach Südwesten fortgesetzt haben oder durch die afghanische Pforte in den indischen Raum gelangt sind, läßt sich noch nicht entscheiden.

In Zentral-Indien liegt das Winterquartier von *albicilla* demnach östlich und im Deccan südlich desjenigen von *parva*, stellenweise mit geringer Überlappung.

Zu diesen ihren Winterherbergen streben die *albicilla*-Populationen aus verschiedenen Richtungen. Die östlichen wandern offenbar durch die Mandschurei (nur selten auch über Sachalin) und das östliche China nach Hainan und Indochina. Die im mittleren Abschnitt des sibirischen Wohngebiets heimischen queren zunächst die Mongolei, an deren Nordgrenze E. Kozlova (1933) Anfang September alle Flußtäler des Kentei-Gebirges voller Zwergschnäpper fand. Sie gelangen dann nach Nord-Kansu (Stresemann 1937) und weiter über die Hochsteppen von Tsinghai (4000 m und darüber) nach Ost-Tibet, von wo sie durch die Täler des Yalung, Yangtse, Mekong und Salwin nach West-China, Indochina, Siam, Burma und Assam geleitet werden. In Ost-Tibet traf sie Schäfer (1938) Ende September bis Anfang Oktober „in geradezu überraschender Anzahl". Offenbar wandern nicht wenige Zwergschnäpper sogar über den Himalaya, denn Fleming (bei Rand & Fleming 1957) traf diese Art in Nepal „common" von November bis April (bis zu 2000 m hoch im November).

Die westlichsten Populationen von *albicilla* erreichen das Winterquartier mindestens zum Teil auf dem Wege über Afghanistan, denn dort erscheint *albicilla* auf dem Durchzuge neben *parva*, wenn auch in sehr viel geringerer Zahl (Meinertzhagen 1938). Unter den in Afghanistan gesammelten Zwergschnäppern glauben Vaurie (1954) und Paludan (1959) Zwischenstufen zwischen *parva* und *albicilla* gefunden zu haben. Diese stammen vielleicht aus dem im Ural oder dicht westlich davon gelegenen Kontaktgebiet.

Abzug und Ankunft von *parva* und *albicilla*: Bevor die Adulten fortziehen, mausern sie die Schwungfedern. Die Mehrzahl verläßt das Brutgebiet im August, einige bleiben längstens bis Mitte September. Aus dem Anadyr-Lande und Kamtschatka ziehen sie, nach Portenko in litt., in der ersten Dekade des September fort.

In Indien erscheint *M. p. parva* frühestens Mitte September, die Masse erst gegen Mitte Oktober oder noch später. Diese Ankunftszeiten gelten auch für *M. p. albicilla*. Bei Rangoon sah Smythies (1953) die Ersten in zwei Jahren am 17. und 19. Oktober, Deignan (1945) in Nord-Siam schon am 20. September.

Sowohl bei *M. p. parva* als auch bei *M. p. albicilla* verläßt die Mehrzahl ihre Winterherberge zwischen Anfang und Mitte März und Ende April, und zwar die alten ♂♂ vor den ♀♀ und jungen ♂♂. Der Frühjahrszug verläuft auf den Bahnen des Herbstzuges.

Ankunft am Brutplatz im Elbursgebirge um Mitte April (Stresemann 1928), im Kaukasus und in Transkaukasien sogar schon um Ende März (Boehme 1926, Shordania 1962), in Deutschland und Schweden meist im 2. und 3. Drittel des Mai, in Kamtschatka und im Anadyr-Lande nicht vor Anfang Juni (Ankunftsmittel aus vier Jahren an der Olgabucht: 8. Juni; Durchzug dort bis über den 20. Juni hinaus, nach Awerin 1948). Auch in Mittelsibirien mögen viele erst Anfang Juni erscheinen, denn in Nordost-Kansu wurden Durchzügler noch vom 22. bis 27. Mai gesammelt (Riley 1930), und E. Kozlova (1933) bemerkte am Orok nor (Mongolei) den stärksten Durchzug erst gegen Ende Mai.

c) *subrubra*. Die ganze Population verbringt den Winter auf Ceylon.

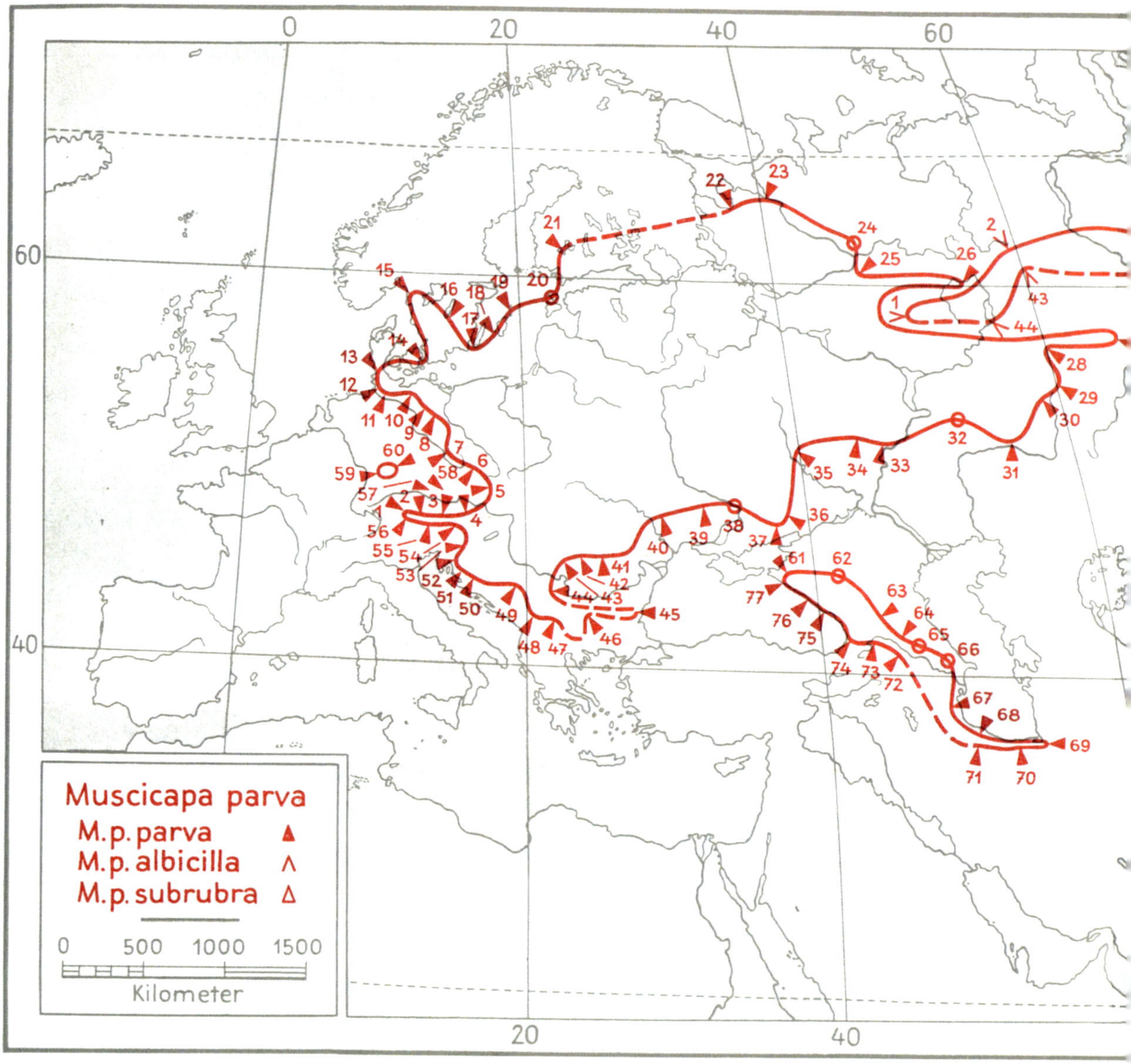

FUNDORTLISTE

für ***Muscicapa parva***

Fundort			Quelle
1. Wörishofen		B	Schelcher 1915
2. Reichenhall		Js	v. Besserer 1903; Parrot 1909
3. Steyr		A	Aschenbrenner u. Peters 1958
4. Wiener Wald		Na	Aschenbrenner u. Peters 1958
o Bratislava (= Preßburg; 24. VIII.)		As	Černý 1936
5. Gottwaldov (= Zlín)		N	Balthasar 1950
6. Thomigsdorf (Landskron)		As	Weber 1944
7. Tetschen-Bodenbach (= Dečin)		Na	Michel 1907
o Jonsdorf		Ns	Prasse 1964
o Schreiberhau		Ns	Mayhoff 1923
8. Liepnitzsee (Bernau)	↓	Na	Wendland 1956
9. Gerlinsee (Rheinsberg)		As	Steinbacher 1938
10. Frauenmark (Parchim)		As	Kuhk 1939
11. Wohldorfer Wald		As	Reye 1951
12. Burg (Dithmarschen)		Js	Grosse 1955
13. N Flensburg	↓	Js	Beckmann 1951
14. Kongelunden (Amager)		Ns	Christiansen u. Poulsen 1941
15. N Hökedalen		Ns	Carlsson 1959
16. Eksjö	↓	Js	Gustafson 1944

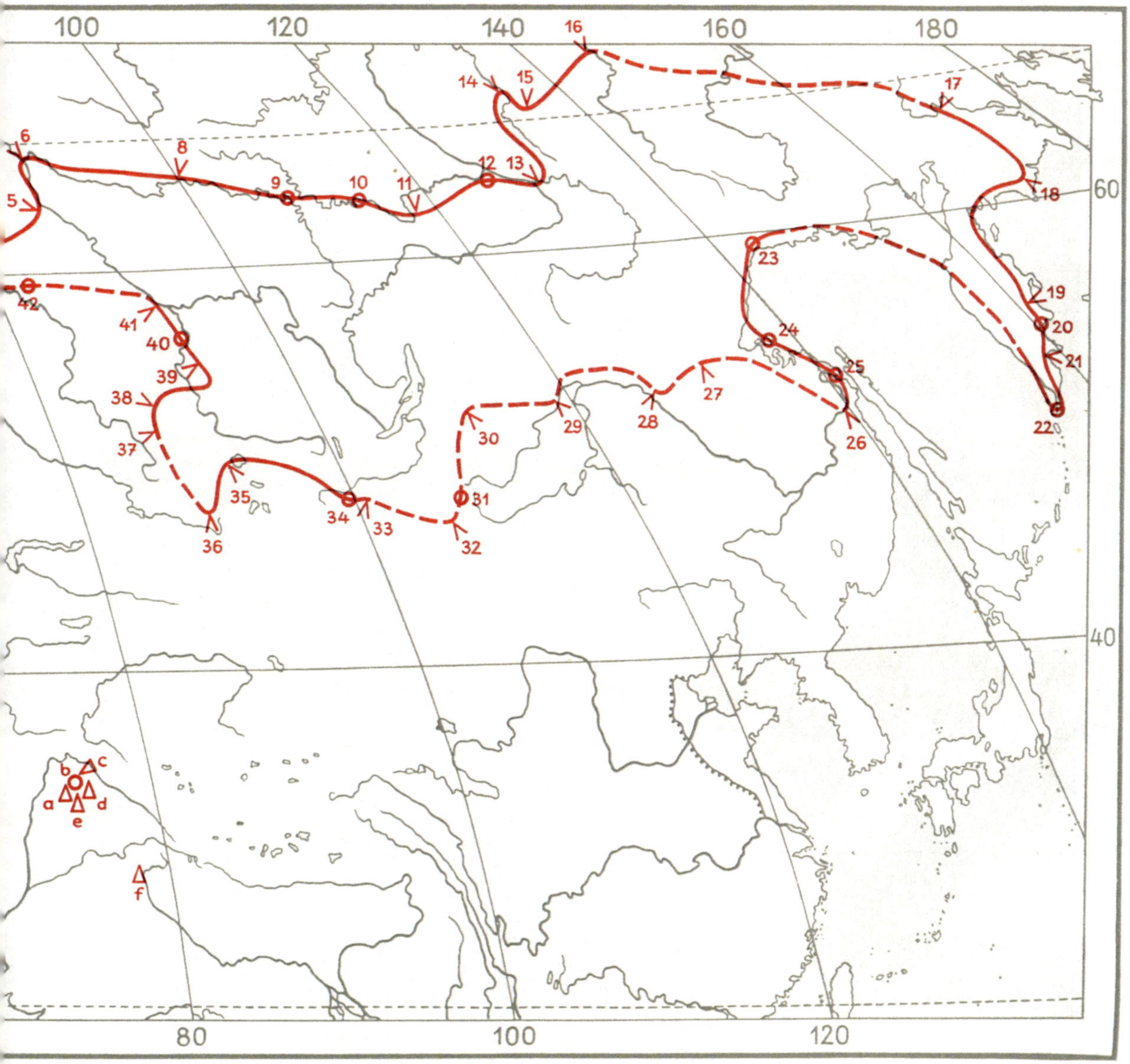

– Allgunnensee	Ns	Petterson 1961	24. zw. Pinega u. unterer Wytschegda	A	Parowschtschikow 1959
17. Ottenby	Js	Bollvik 1950	25. Lalsk (VII.)	As	Plesskij 1948; Portenko brfl. 1963
18. Stora Karlsö	B	Flach 1957; Flach u. v. Schultz 1958	26. Kosa-Mündung	As	Coll. Zool. Inst. Leningrad (Portenko brfl. 1961)
19. Gotska Sandön	Bs	Höjer u. Norbeck 1959	o Gordina (E Omutninsk)	A	Portenko brfl. 1963
o Saaremaa (= Ösel)	Na	Kumari brfl. 1962	o Wotkinsk	A	Portenko brfl. 1963
20. Hiiumaa (= Dagö)	Na	Kumari brfl. 1962	27. Tjumen	Bs	Coll. Zool. Inst. Leningrad (Scharonow brfl. 1962)
o Helsinki	Ns	Merikallio 1958	28. Werchnjaja Sysertj	N	Danilow 1954
21. Tampere	N	Merikallio 1958			
22. Onega-Mündung	A	Parowschtschikow brfl. 1961			
23. Archangelsk	B	Parowschtschikow brfl. 1961			

Phylloscopus bonelli (Vieillot)

bearbeitet von

G. MAUERSBERGER, B. STEPHAN und E. v. VIETINGHOFF-SCHEEL

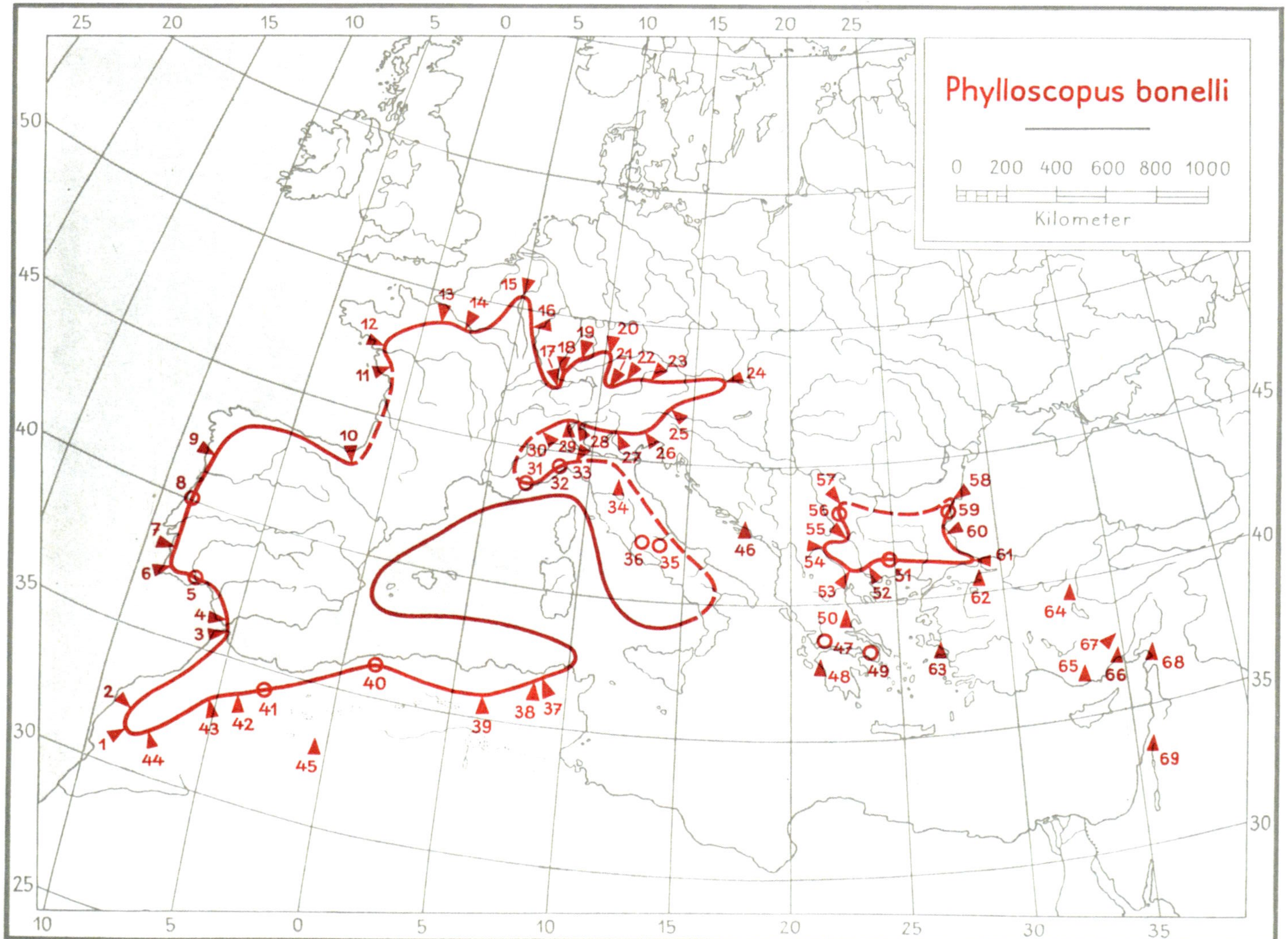
Phylloscopus bonelli
0 200 400 600 800 1000
Kilometer

FUNDORTLISTE

1.	Wadi Amsmiz	Ac	Meade-Waldo 1903
2.	Dj. S'chorr (Rahamma)	A	Rothschild u. Hartert 1912
3.	Benzu (Ceuta)	As	Lynes 1924
4.	Algeçiras	Ns	Stenhouse 1921
5.	Berg Aljibe	Bc	v. Boxberger 1934
6.	Monchique (15. IV.)	A	Ticehurst u. Whistler 1933
7.	Sines	Ac	Tait 1924
8.	Vila Pouca de Aguiar	Ac	Reis 1931
9.	Braga	Ac	Tait 1924
10.	Pamplona ↓	Bc	Ticehurst u. Whistler 1925
11.	Mervent	B	Guérin 1939
12.	Loire-Mündung	Aa	Douaud 1954
13.	Dreux	Na	Labitte 1954
14.	Fontainebleau	Ba	de Sinety 1854
15.	Dinant	As	Aplin 1899
16.	Esch	Ns	Morbach 1943
–	Woippy	As	Quépat 1899
17.	Hasenmatt (Solothurn)	AJa	Greppin 1911
18.	Freiburg	As	Knecht 1959
–	Hinterzarten	N	Knecht 1959
19.	Geschingen (Calw)	A	Löhrl 1937
20.	Aalen	A	Löhrl 1937
21.	Mittenwald	Nc	Hildebrandt 1922
–	Aitrang	A	Laubmann 1920
22.	Ascholding	A	Laubmann 1920
23.	Ruhpolding	A	Gengler 1912
–	Hirschengarten	As	Schweiger 1953
24.	Braunsberg (Hainburg) ↓	As	Peters brfl. 1960
–	Hohe Wand	As	Mauersberger mdl.
25.	Dobratsch	A	Schweiger 1957
26.	Caneva (VII.)	A	Vallon 1905
27.	Rovereto	As	Bonomi 1884
28.	Monte Generoso	Aa	Stresemann 1955
29.	Val Onsernone	Ac	Corti 1942
30.	Gran Paradiso	Aa	Moltoni 1960
31.	Riviera	Bc	Ingram 1926
32.	Savona	Bc	Giglioli 1889
33.	Monte Penice	A	Bruns 1960
34.	Castel del Rio	B	Zangheri 1935
35.	Parco Nazionale d'Abruzzo	Ac	Stresemann 1957
36.	Monti Simbruini ↓	B	Alexander 1927
37.	Souk-el-Arba	J	v. Erlanger 1899
38.	Ghardimaou	B	Whitaker 1905
39.	Lambessa (= Lambèse; 1. V.)	Bc	Koenig 1895
40.	Massif de Ouarsenis	N	Heim de Balsac 1926
o	Beni Snassene	A	Brosset 1961
41.	Gaada de Debdou	Bc	Brosset 1956
42.	Dj. Bou-Iblane	A	Brosset 1957
43.	Ain Leuh (Azrou)	Nc	Snow 1952
44.	Zarakten (N Glaoui)	A	Whitaker 1898
45.	Aïn Aïssa	A	Heim de Balsac 1928
46.	Bukovi dol. (Ljubinje) ↓	Bs	Reiser 1939

Phylloscopus bonelli orientalis:

47.	Zygos	Ac	Krüper 1875b
48.	Kapellis (Elis)	Ns	Reiser 1905
49.	Attika	AJ	Krüper 1875a
50.	Ossa	As	Peus 1954
51.	NE Rhodopen	B	Atanassov brfl. 1961
–	N Podkowa	As	Mauersberger u. Stübs unveröffentl.
52.	Goleschewo	As	Scharnke u. Wolf 1938
53.	Dedeli	As	Stresemann 1920
54.	Skoplje	Ns	Karaman 1950
55.	Zemen (N Kjustendil)	As	Pateff 1938
56.	Suva planina	As	Matvejev 1950
57.	Orešac	As	Reiser 1939
58.	N Warna	As	Deckert brfl. 1961
59.	Emine-Balkan (N Nesebyr)	Aa	Grössler brfl. 1962
–	Gjulowce (N Burgas)	AJs	v. Jordans 1940
60.	Primorsko	As	Balát 1962
61.	Büyükdere	As	Kumerloeve 1962a
62.	Büyükada	As	Kumerloeve 1962a
63.	Smyrna ↓	B	Krüper 1875b
64.	Ancara	A	Ticehurst 1938
65.	Cilicischer Taurus	A	Ticehurst 1938
66.	Güzel Oluk	As	Kumerloeve 1962a
67.	Pozanti	As	Kumerloeve 1962a
68.	Haruniye	Bs	Kumerloeve 1962a
69.	Ainab	Bs	Kumerloeve 1962b

Anmerkungen

Zu P. 10:

Sehr wahrscheinlich brütet *Ph. bonelli* auch in geeigneten Biotopen zwischen Gironde und den Adour les Gaves, doch ließen sich bisher sichere Belege nicht beibringen. – Im Baskenland und in den Bergwäldern der Basses Pyrénées fand ihn Mayaud (brfl. 1961) nicht als Brutvogel.

Zu P. 24:

Schwer deutbar sind vereinzelte Angaben für den Karpatenbereich; die Unsicherheit des Status bestätigen (brfl.) Keve, Kohl und Jacobi. Es mag sich dabei teils um Verwechslungen mit atypisch singenden *Ph. sibilatrix*, teils aber auch um auf dem Frühjahrszug zu weit nördlich geratene Vögel handeln, wie sie aus Mitteleuropa vielfach gemeldet werden.

Zu P. 36:

Frugis u. Holgersen (1955) hörten den Gesang am 22. VI. im Norden Korsikas; Löhrl (1959) erörtert die Möglichkeit einer Verwechslung. Da *bonelli* auf den anderen westmediterranen Inseln fehlt, wurde die Angabe nicht verwertet (vgl. noch Braaksma u. Middelman 1960).

Zu P. 46:

Matvejev (brfl. 1963) hat die Bälge als *bonelli* bestimmt; Vaurie (1959) nennt „Hercegovina" dagegen unter *orientalis*.

Zu P. 63:

Krüper schließt vom Fehlen zwischen März und Juli auf Brut in den benachbarten Bergen; andere alte Angaben für Vorderasien sind ebensowenig beweiskräftig. Sie werden nur durch neuere Funde an anderen Stellen (Punkte 66–69) so weit gestützt, daß die Aufnahme einiger gewagt werden konnte.

LITERATUR

ALEXANDER 1927 Ibis (12) 3, 671.
APLIN 1899 Zoologist (4) 3, 154.
BALÁT 1962 Acta Acad. Sci. Čechoslov. Bas. Brunensis 34, 465.
BERNIS 1955 Acta XI. Congr. Int. Orn. 1954. Basel. 422.
BONOMI 1884 Progr. Ginnas. Rovereto 1883–84, 31.
v. BOXBERGER 1934 J. Orn. 82, 193.
BRAAKSMA u. MIDDELMAN 1960 Alauda 28, 280.
BROSSET 1956 Alauda 24, 192.
BROSSET 1957 Alauda 25, 165.
BROSSET 1961 Trav. Inst. Sci. Chérif. Sér. Zool. 22, 63.
BRUNS 1960 Riv. Ital. Orn. 30, 204.
CORTI 1942 Orn. Beob. 39, 28.
DOUAUD 1954 Alauda 22, 133.
v. ERLANGER 1899 J. Orn. 47, 256.
FRUGIS u. HOLGERSEN 1955 Sterna 22, 14; 21.
GENGLER 1912 Zool. Beob. 53, 339.
GIGLIOLI 1889 Primo resoc. orn. Ital. Firenze 1, 230.
GLUTZ von BLOTZHEIM 1962 Brutvögel Schweiz. Aarau. 484.
GREPPIN 1911 Mitt. Naturf. Ges. Solothurn (4) 16, 87.
GUÉRIN 1939 L'Oiseau 9, 248.
HEIM DE BALSAC 1926 Rev. franç. Orn. 10, 405.
HEIM DE BALSAC 1928 Rev. franç. Orn. 12, 178.
HEIM DE BALSAC u. MAYAUD 1962 Oiseaux Nord-Ouest Afrique. Paris. 345.
HILDEBRANDT 1922 Orn. Mber. 30, 104.
INGRAM 1926 Birds Riviera. High Holborn. 39.
v. JORDANS 1940 Mitt. Naturwiss. Inst. Sofia 13, 101.
KARAMAN 1950 Larus 3, 222.
KNECHT 1959 Orn. Mitt. 11, 10.
KOENIG 1895 J. Orn. 43, 260.
KRÜPER 1875a Griech. Jahresz. 3, 238.
KRÜPER 1875b J. Orn. 23, 260.
KUMERLOEVE 1962a Bonn. Zool. Beitr. 12 (Sonderh.), 98.
KUMERLOEVE 1962b Iraq Nat. Hist. Mus. Publ. 20–21, 23.
LABITTE 1954 Alauda 22, 275.
LAUBMANN 1920 J. Orn. 68, 258; 259.
LÖHRL 1937 Jhhefte Ver. Naturk. Württemberg 93. 106.
LÖHRL 1959 J. Orn. 100, 82.
LYNES 1924 Novit. Zool. 31, 76.
MATVEJEV 1950 Larus 3, 36.
MEADE-WALDO 1903 Ibis (8) 3, 206.
MOLTONI 1960 Riv. Ital. Orn. 30, 109.
MORBACH 1943 Vögel der Heimat. Esch-sur-Alzette. 3, 48.
PALUDAN 1936 Vidensk.. Medd. Dansk nat. hist. Foren. 100, 314.
PATEFF 1938 Mitt. Naturwiss. Inst. Sofia 11, 119.
PEUS 1954 Bonn. Zool. Beitr. 5 (Sonderh.), 25.
QUÉPAT 1899 Orn. Val Metz. Paris-Metz. 40.
REIS 1931 Cat. sist. aves Portugal. Pôrto. 104.
REISER 1905 Ornis Balcan. Wien. 3, 123.
REISER 1939 Ornis Balcan. Wien. 1, 38.
ROTHSCHILD u. HARTERT 1912 Novit. Zool. 18, 504.
SCHARNKE u. WOLF 1938 J. Orn. 86, 318.
SCHWEIGER 1953 Wetter u. Leben (Sonderh.) 2, 214.
SCHWEIGER 1957 Jb. österr. Arb. Kreis. Wildtierforsch. Wien. 22.
DE SINETY 1854 Rev. Mag. Zool. (2) 6, 384.
SNOW 1952 Ibis 94, 491.
STENHOUSE 1921 Ibis (11) 3, 586.
STRESEMANN 1920 Avif. Macedon. München. 128.
STRESEMANN 1943 J. Orn. 91, 483.
STRESEMANN 1955 Orn. Beob. 52, 9.
STRESEMANN 1957 J. Orn. 98, 14.
TAIT 1924 Birds Portugal. High Holborn. 78.
TICEHURST 1938 Genus Phylloscopus. London. 66.
TICEHURST u. WHISTLER 1925 Ibis (12) 1, 452.
TICEHURST u. WHISTLER 1933 Ibis (13) 3, 106.
VALLON 1905 Avicula 9, 20.
VAURIE 1959 Birds palearct. Fauna. Passeriformes. London. 277.
WHITAKER 1898 Ibis (7) 4, 597.
WHITAKER 1905 Birds Tunisia. London. 1, 107.
ZANGHERI 1935 Riv. Ital. Orn. 5, 188.

Briefliche Auskünfte erteilten: ATANASSOV, DECKERT, GRÖSSLER (Bulgarien), JACOBI, KEVE, KOHL (Rumänien), MAYAUD (Frankreich), MATVEJEV (Jugoslawien), MAUERSBERGER, PETERS (Österreich).

Phylloscopus bonelli (Vieillot)

Berglaubsänger

Zur Verbreitung

Von den xerophilen Bergwäldern der Mittelmeerländer her ist der Berglaubsänger mancherorts in bewaldete Bergzüge von Mitteleuropa vorgerückt. Die Nordgrenze seines Areals scheint noch nicht stabilisiert zu sein (vgl. Anm. zu P. 10). Die Südgrenze folgt in NW-Afrika und Israel etwa der Südgrenze der Bergwälder.

Auffällig ist die weite Verbreitungslücke im West-Balkan; ob dieser Raum wirklich unbesiedelt blieb oder ob seine nur dünne Besetzung übersehen wurde, ist nicht zu entscheiden, wäre aber für die Deutung der Ausbreitungsgeschichte von Interesse.

Gliederung

Zwei Subspecies: *bonelli* im westlichen, *orientalis* im östlichen Teil des Areals. Unterschied gering: Bei *orientalis* ist das bräunliche Grün der Oberseite etwas grauer, der Flügel im Mittel etwas länger; die 9. Handschwinge ist bei *orientalis* in der Regel etwas länger, bei *bonelli* etwas kürzer als die 5. (TICEHURST 1938). Vermutlich hängt das damit zusammen, daß *orientalis* einen etwas längeren Zugweg hat.

Beide Rassen scheinen sowohl im Brutgebiet als auch in der Winterherberge voneinander getrennt zu bleiben.

Oekologie

Für die Schweiz (Glutz 1962) gilt folgendes: „Bevorzugt als xerophile Art trockene, meist südexponierte Hänge oder Bergrücken mit lichtem, in der Regel unterholzreichem Baumbestand. Gelegentlich aber auch im niederen Buschwald mit einzelnen hohen Bäumen, also in sehr geschlossenem, dunklen Biotop. Zeigt eine deutliche Vorliebe für die montane Stufe. Höchster Brutnachweis in den Alpen bei Arolla, 2000 m, tiefster bei Pratteln, 340 m". Diese Biotop-Kennzeichnung trifft im wesentlichen auf das ganze europäische Areal zu. In den Vorbergen der bayrischen Alpen ist er häufig an sonnigen Hängen, vor allem solchen mit lichtem Kiefernbestand, in Zentral-Spanien wohnt er oberhalb 1000 m in Eichen- und Kiefernwäldern (Bernis 1955). In den Abruzzen traf ich viele oberhalb 1000 m nicht nur im Kiefernwald, sondern auch in reinem Buchenwald (Stresemann 1957). Im marokkanischen Atlas ist er im Cedernwald des Djebel Bou-Iblane noch bei 2200 m gefunden worden (Heim de Balsac & Mayaud 1962).

Nest am Waldboden.

Wanderungen

Zugvogel. Die westliche Subspecies überwintert südlich der Sahara in den ariden Baum- und Buschsteppen, die etwa begrenzt werden im Norden durch 17° N, im Süden durch 10° N, im Osten durch 15° E. — Die östliche Subspecies ist im Winter bisher nur im heutigen Staat Sudan angetroffen worden, südwärts bis 9°30′ N am Bahr-el-Ghazal. Durchzügler von Darfur, Tibesti und dem tripolitanischen Hinterland gehören zu *orientalis*.

Stresemann (1943) hat aus phaenologischen Angaben gefolgert, daß *orientalis* im Herbst auf einer anderen Bahn wandert als im Frühjahr: Im Herbst durch Syrien und Israel, im Frühjahr durch die Cyrenaika und Unteraegypten.

Die Schwungfedern werden im Winterquartier zwischen Oktober und Dezember erneuert (Paludan 1936, Ticehurst 1938).

Abzug aus Süddeutschland und der Schweiz von Mitte Juli bis Mitte August; vereinzelte Nachzügler bleiben bis Mitte September. Ankunft im Winterquartier von der 3. Dekade des September an. Die Ersten brechen dort gegen Mitte März auf, die meisten erst im April (Heim de Balsac & Mayaud 1962).

Ankunft in Mitteleuropa meist nach Mitte April; die letzten erscheinen dort gegen Ende Mai (Glutz 1962).

Phylloscopus sibilatrix (Bechstein)

bearbeitet von

L. A. PORTENKO und E. v. VIETINGHOFF-SCHEEL

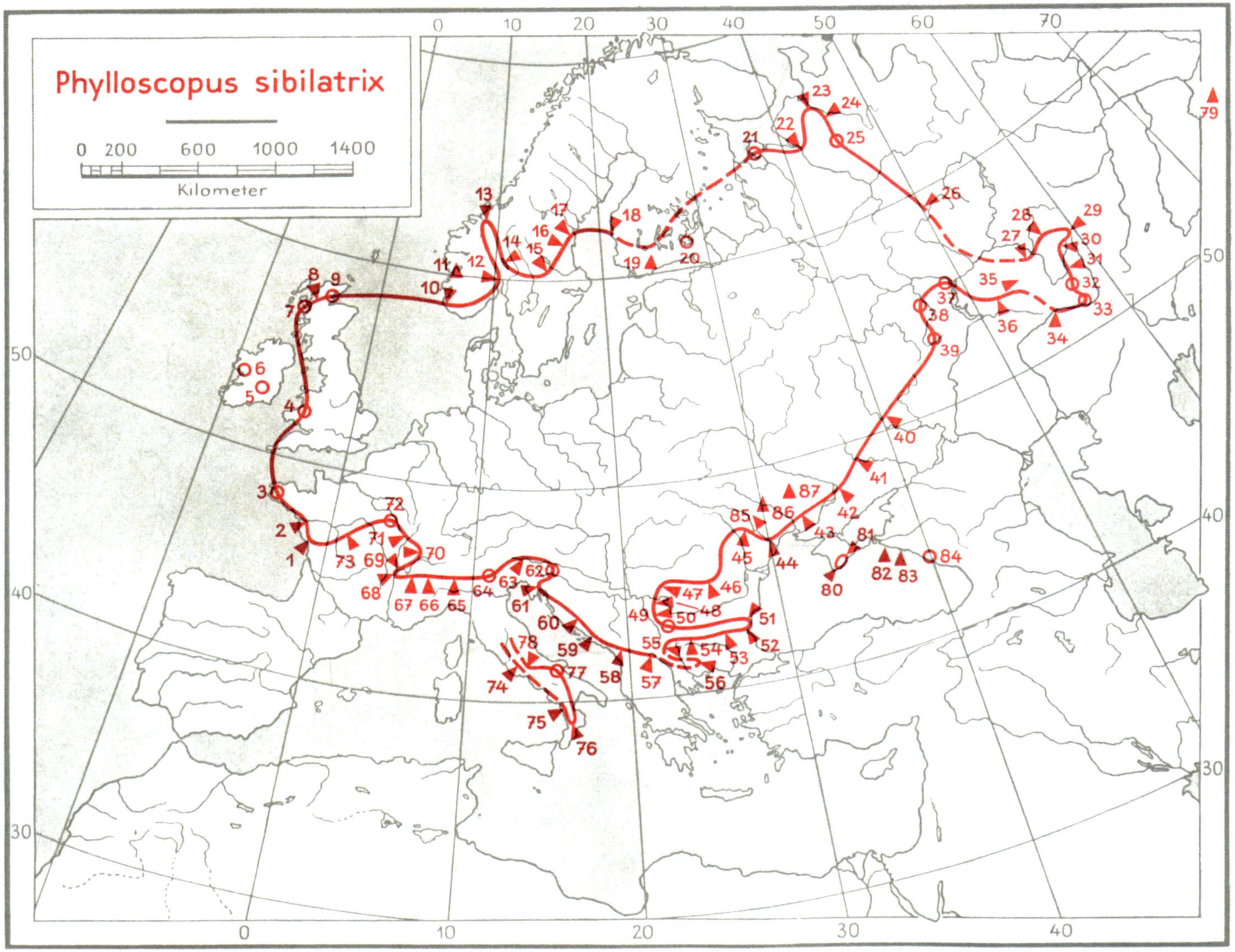
Phylloscopus sibilatrix
0 200 600 1000 1400
Kilometer

FUNDORTLISTE

Nr.	Fundort		Status	Quelle
1.	Mervent		B	Guérin 1939
2.	Nantes		J	Mayaud 1941
3.	Finistère		Ac	Lebeurier 1938
4.	Wales		Bs	Witherby et alii 1952
5.	Queen's county		Bs	Witherby et alii 1952
6.	Galway	↓	Bs	Witherby et alii 1952
7.	Isle of Skye		B	Witherby et alii 1952
8.	Loch Broom		B	Witherby et alii 1952
9.	Lairg		A	Witherby et alii 1952
10.	Stavanger		Ns	Bernhoft-Osa 1960
11.	Voß		N	Bernhoft-Osa 1923
12.	Bygdöy (Kristiana = Oslo)		N	Bernhoft-Osa 1923
13.	Laurvig (= Larvik)		As	Collett 1877
14.	Hamar		B	Holgersen brfl. 1962
15.	Floda		Aa	Ingritz 1948
16.	Ljusdal		As	Bucht 1952
17.	Sundsvall	↓	J	Elofson 1952
18.	Kristinestad (= Kristiinankaupunki)		A	Johansson 1955
19.	Lammi		A	Soveri 1940
20.	Suur-Saima		As	Bagge 1961
21.	Halbinsel Unskij		Bs	Parowschtschikow brfl. 1961
22.	Archangelsk		As	Seebohm 1882
23.	S Mezenj		Bs	Parowschtschikow brfl. 1961
24.	Leschukonskoje		Bs	Parowschtschikow brfl. 1961
25.	Fluß Waschka		Bs	Parowschtschikow brfl. 1961
26.	Sinegorje		A	Plesskij 1927
–	Murygino		Bs	Plesskij 1955
27.	Ufa		As	Suschkin 1897
28.	Tastuba		As	Coll. Zool. Inst. Leningrad (Portenko brfl. 1962)
29.	Turgojak-See		Bs	Snigirewski 1931
–	Ilmen-Berge		Bs	Snigirewski 1931
30.	Berg Iremel (VIII.)		A	Ruzskij 1895
31.	Quellen des Malyj Kudasch (VII.)		A	Snigirewskij 1947
o	Baschkirisches Naturschutzgebiet		A	Kirikow 1952
32.	S Ural zwischen den Flüssen Sakmara u. Ik		B	Nazarow 1886
33.	Guberlinsker Berge (VII.)		A	Ruzskij 1895
34.	Orenburg		B	Pleske 1891
35.	Uzen-Iwanowskoje		As	Suschkin 1897
36.	Polibino		Bs	Karamzin 1901
37.	Wolga-Tal (Gouv. Kazanj)		As	Bogdanow 1871
–	Unteres Kama-Gebiet		Aa	Ruzskij 1893
38.	Mittellauf der Sura		Ac	Woltschaneckij 1924
39.	Gorodischtsche		Bc	Artobolewskij 1923
40.	Sawalsker Försterei (Wasserscheide von Sawala u. Bolschoj Karatschan)		Nc	Kadotschnikow 1957
–	Wasiljewka (25 km NE Buturlinowka)		Ac	Izmajlow 1940
41.	Izjum		B	Liseckij 1952
42.	Pawlograd		Bs	Walch 1900
43.	Wladimirowka		B	Schewtschenko 1940
44.	Beljajewka		B	Nazarenko 1957
45.	Orgejew	↓	A	Gladkow 1954
46.	Buşteni		A	Brehme 1962
47.	Retyezát-Gebirge		As	Congreve 1929
–	Câpâlnas		Nc	Congreve 1929
48.	Kladovo		A	Matvejev 1950
49.	Zlot		A	Matvejev 1950
50.	Stara Planina		A	Matvejev 1950
51.	N Warna		As	Mauersberger 1960
52.	Emine-Balkan		Ac	Harrison u. Pateff 1933
53.	Sliwen		As	Mauersberger u. Stübs unveröffentl.
o	Klisura		As	Mauersberger u. Stübs unveröffentl.
54.	Baba Planina		As	Reiser 1894
55.	Muss-Alla		Bc	v. Boetticher 1919
56.	Karlik (VIII.)		A	v. Jordans 1940
57.	Skoplje (= Üsküb: 8. VIII.)		A	Karaman 1928
58.	Predelec (17. VIII.)		Ac	v. Führer 1901
59.	Neretva-Tal		B	Rucner 1954
60.	Šator		Aa	Reiser 1939
61.	Schneeberg (Krain)		Aa	Schollmayer 1891
62.	Bachern-Gebirge		Bs	Reiser 1925
63.	Spitzegel		A	Schweiger 1958
64.	Trentino		A	Bonomi 1884
65.	Monte Generoso		As	Corti 1942
66.	Aosta		As	Moltoni 1943
67.	Chambéry		A	Bailly 1853
68.	Monts d'Or	↓	As	Douaud 1952
69.	SE Chalamont		As	Vaucher 1955
70.	Arçon		Ac	Barruel 1949/50
71.	Dijon		A	Ferry 1960
72.	Dep. Aube		As	Cuisin 1958
73.	Montrésor		A	Domaniewski 1931
74.	Monte Viglio	↓	Ba	Alexander 1927
–	Pescasseroli		Aa	Stresemann 1957a
75.	Monte Pollino		Aa	Stresemann 1957b
76.	Camigliatello		As	Stresemann 1957b
77.	Monte Gargano		As	Moltoni 1935
78.	Val di Teve		Bc	Rossi 1947
79.	Karatschi (VI.)	↓	As	Ruzskij 1946
–	Akmolinsk (VI.)		As	Stegmann 1934
80.	Ai-Petri	↓	As	Berger brfl. 1963
81.	Staryj Krym (VI.)		A	Portenko brfl. 1961
82.	Fluß Sukko (Anapa; VI.)		A	Puzanow 1938
83.	Beta		B	Stachowskij 1941
84.	Kaukasus-Naturschutzgebiet		B	Awerin u. Nasimowitsch 1938
–	Chosta (VIII.)		A	Kudaschew 1918
85.	Pestschana (N Balta)		Bc	Portenko 1928
86.	Kreis Umanj (Gouv. Kiew)		Nc	Goebel 1879
87.	Fedorki (S Tschigirin; V., VI.)		A	Portenko brfl. 1961

Anmerkungen

Zu P. 6:

In Irland tritt *sibilatrix* nur selten und sporadisch auf, regelmäßig höchstens in Galway und Queen's county. Vereinzelte Bruten in Wicklow (1910), Down (1932), Cork (1938) und einzelne Feststellungen singender ♂♂ zeigen, daß Irland bereits zur Verdünnungszone gehört. Eine Grenzziehung erschien daher zu gewagt.

Zu P. 17:

Auf der Karte ist in Skandinavien (für Schweden nach Lundevall brfl. 1956, für Finnland nach Merikallio 1958, für Norwegen nach Holgersen brfl. 1962) der Nordrand des Gebietes regelmäßigen Brütens als Arealgrenze angenommen; nördlich davon tritt *sibilatrix* nicht nur als vereinzelter Sommergast, sondern selten sogar als unsteter Brutvogel auf (so z. B. in Västerbotten; Larsson 1944). Da Merikallios Karten (1958) das Vorkommen innerhalb der Provinzen verallgemeinern, mußte eine unterbrochene Grenzlinie gewählt werden.

Zu P. 45:

Wahrscheinlich verläuft die Grenze in der angedeuteten Weise; an den innerhalb liegenden Punkten 85 – 87 scheint die Art so häufig zu sein, daß die Grenze weiter südlich anzunehmen ist. Literaturangaben, die diese Annahme stützen, fehlen.

Zu P. 68:

Aus Südfrankreich liegen verläßliche Meldungen aus der Brutzeit nur vom Massif Central (d'Albepierre, MEYLAN 1932) und vom Puy de Dôme (MAYAUD brfl. 1961) vor; Brutnachweise fehlen. Über angebliche Vorkommen im Pyrenäengebiet vgl. STRESEMANN 1960.

Zu P. 74:

CATERINI (1941) vermutet das Brüten in den Bergen bei Pisa, SAVI (1827) nennt „Nester" aus der Umgebung von Castelnuovo. Wahrscheinlich werden die Gebirge Mittelitaliens sporadisch von der Art bewohnt; beweiskräftige Angaben fehlen.

Zu P. 79:

Bei Karatschi (RUZSKIJ 1946) in mehreren Jahren zur Brutzeit vereinzelt festgestellt. Dies und die Beobachtungen STEGMANNS (1934), der ein ♂ bei Akmolinsk mehrere Tage im Juni hörte, könnten auf eine Ausbreitungstendenz in schmaler Front nach Osten hindeuten.

Zu P. 80:

Passende Biotope finden sich in den Gebirgen der Krim nur verstreut, sind aber offenbar stets, stellenweise zahlreich, besiedelt. (BERGER brfl. 1963).

LITERATUR

ALEXANDER 1927 Ibis (12) 3, 283; 671.
ARTOBOLEWSKIJ 1923 Bull. Soc. Nat. Moscou 32, 190.
AWERIN u. NASIMOWITSCH 1938 Trans. Caucas. State Reserve 1, 26.
BAGGE 1961 Orn. Fenn. 38, 36.
BAILLY 1853 Ornith. Savoie. Paris-Chambéry. 2, 428.
BARRUEL 1949/50 Alauda 17–18, 203.
BERNHOFT-OSA 1923 Mitt. Vogelw. 22, 45.
BERNHOFT-OSA 1960 Sterna 4, 94.
v. BOETTICHER 1919 J. Orn. 67, 254.
BOGDANOW 1871 Pticy i zweri Powolshja. Kazanj. 83.
BONOMI 1884 Progr. Ginnas. Rovereto 1883–84, 30.
BREHME 1962 Wiss. Z. Uniw. Greifswald 11, math.-nat. Reihe 1/2, 46.
BUCHT 1952 Fauna och Flora 47, 102.
CATERINI 1941 Riv. Ital. Orn. 11, 23.
COLLETT 1877 Forh. Vid.-Selsk. Christiania 5, 3.
CONGREVE 1929 Ibis (12) 5, 467.
CORTI 1942 Orn. Beob. 39, 28.
CUISIN 1958 L'Oiseau 28, 149.
DOMANIEWSKI 1931 L'Oiseau 1, 650.
DOUAUD 1952 Alauda 20, 176.
ELOFSON 1952 Fauna och Flora 47, 140.
FERRY 1960 Alauda 28, 104.
v. FÜHRER 1901 Orn. Jb. 12, 15.
GLADKOW 1954 Zap. Kischinew Uniw. 13, 235.
GOEBEL 1879 Beitr. Kenntn. Russ. Reiches. St. Pétersb. 2/2, 121.
GUÉRIN 1939 L'Oiseau 9, 248.
HARRISON u. PATEFF 1933 Ibis (13) 3, 589.
HORTLING 1929 Ornitologisk Handbok. Helsingfors. 186.
INGRITZ 1948 Fauna och Flora 43, 84.
IZMAJLOW 1940 Trudy Chopersk. zapow. 1, 130.
JOHANSSON 1955 Orn. Fenn. 32, 22.
v. JORDANS 1940 Mitt. Naturwiss. Inst. Sofia 13, 56; 102.
KADOTSCHNIKOW 1957 Trudy Wsjesojuz. inst. zaschtsch. rastenij 8, 205.
KARAMAN 1928 Bull. Soc. Sci. Skoplje 6/2, 186.
KARAMZIN 1901 Mat. Fauna Flora Ross. 5, 304.
KIRIKOW 1952 Pticy i mlek. jushn. Urala. Moskwa. 225.
KUDASCHEW 1918 Messag. orn. 8, 91.
LAMBERT 1955/56 Luscinia 29, 9.
LARSSON 1944 Fauna och Flora 39, 87.
LEBEURIER 1938 Alauda 10, 207.
LISECKIJ 1952 Trudy Inst. Biol. Charkow. Uniw. 16, 60.
MATVEJEV 1950 Ornithogeogr. Serbica. Beograd. 191.
MAUERSBERGER 1960 J. Orn. 101, 119.
MAYAUD 1941 L'Oiseau 11 (Suppl.), 85.
MERIKALLIO 1958 Finnish Birds. Helsinki. 129.
MEYLAN 1932 Arch. suisses Orn. 1, 100.
MOLTONI 1935 Riv. Ital. Orn. 5, 262.
MOLTONI 1943 Atti Soc. Ital. Sci. Nat. 82, 268.
MOREAU 1961 Ibis 103a, 594.
NAZARENKO 1957 Praci Odesjk. Uniw. 93/147, Ser. Biol. 8, 205.
NAZAROW 1886 Bull. Soc. Nat. Moscou 62, 370.
NIKOLSKIJ 1891 Mém. Acad. Sci. St.-Pétersb. 68, Beilage 4, 123.
PLESKE 1891 Ornithographia Rossica. St.-Pétersb. 2, 207.
PLESSKIJ 1927 Trudy Wjatsk. Muz. 1, 41.
PLESSKIJ 1955 Zap. jest.-geogr. fak. Kirow. ped. inst. 9, 92.
PORTENKO 1928 Bull. Soc. Nat. Moscou 37, 172.
PTUSCHENKO 1954 Pticy Sow. Sojuza. Moskwa. 6, 166.
PUZANOW 1938 Trudy Gruzin. Akad. nauk. Zool. 2, 141.
REISER 1894 Ornis Balcan. Wien. 2, 51.
REISER 1925 Mitt. Naturwiss. Ver. Steiermark 61, 23.
REISER 1939 Ornis Balcan. Wien. 1, 40.
RENDAHL 1960 Vogelwarte 20, 225.
ROSSI 1947 Riv. Ital. Orn. 17, 116.
RUCNER 1954 Larus 6 u. 7, 91.
RUZSKIJ 1893 Trudy Ob. Jest. Kazan. Uniw. 25/6, 282.
RUZSKIJ 1895 Trudy Ob. Jest. Kazan. Uniw. 28/5, 39; 51.
RUZSKIJ 1946 Trudy Tomsk. Uniw. 97. 45.
SAVI 1827 Ornitologia Toscana. Pisa. 1, 291.
SCHEWTSCHENKO 1940 Proc. Zool. Inst. Kharkov. Univ., ecol. 8–9, 133.
SCHOLLMAYER 1891 Orn. Jb. 2, 88.
SCHWEIGER 1958 Jb. Österr. Arb. Kreis Wildtierforsch. Wien. 35.
SEEBOHM 1882 Ibis (4) 6, 375.
SNIGIREWSKI 1931 J. Orn. 79, 61.
SNIGIREWSKIJ 1947 Trudy Baschkir. zapow. 1, 80.
SOVERI 1940 Acta zool. fenn. 27, 103.
SPENCER 1957 Brit. Birds 50, 481.
STACHOWSKIJ 1941 Biol. zbirnik Dnipropetr. Uniw. 1, 73.
STEGMANN 1934 Trudy Kazach. Akad. nauk SSSR 1, 32.
STRESEMANN 1955 J. Orn. 96, 153.
STRESEMANN 1957a J. Orn. 98, 14.
STRESEMANN 1957b J. Orn. 98, 383.
STRESEMANN 1960 Alauda 28, 304.
SUSCHKIN 1897 Mat. Fauna Flora Ross. 4, 263.
TISCHLER 1941 Vögel Ostpreußens. Königsberg-Berlin. 1, 345
VAUCHER 1955 Alauda 23, 201.
WALCH 1900 Trudy Ob. ispyt. prir. Charkow. Uniw. 34, 83.
WITHERBY et alii 1952 Handb. Brit. Birds. London. 2, 16.
WOLTSCHANECKIJ 1924 Zap. Saratow. Uniw. 2, 25.

Briefliche Auskünfte erteilten: HOLGERSEN (Norwegen), LUNDEVALL (Schweden), BERGER, PAROWSCHTSCHIKOW, PORTENKO (Sowjetunion), MAYAUD (Frankreich).

Phylloscopus sibilatrix (Bechstein)

Waldlaubsänger

Zur Verbreitung

Der Waldlaubsänger ist einer von den wenigen typisch europäischen Vögeln. Nur an zwei Stellen ist er eine kurze Strecke nach Asien vorgedrungen, indem er sich am Osthang des Uralgebirges und am Südwesthang des Kaukasus festsetzte. Der ganzen Iberischen Halbinsel ist er ferngeblieben.

Keine Rassenbildung.

Oekologie

Der dichte mitteleuropäische Laubwald, insbesondere der Buchenwald, dürfte die ursprüngliche Lebensstätte des Waldlaubsängers sein. Aus diesem Biotop ist er vielerorts in den Mischwald, ja sogar in die dürre monotone Kiefernheide eingezogen, so in Ostpreußen (Tischler 1941). Zu seinen Ansprüchen gehört eine Dichte des Baumbestandes, die die Entwicklung eines Unterwuchses aus Kräutern und Sträuchern hemmt oder verhindert, denn er verlangt einen freien Anflug zu dem auf dem Waldboden stehenden Nest.

Im südlichen Teil seines Areals fehlt er in den tieferen Lagen. In Italien bewohnt er die alten Buchenwälder, die auf den Gebirgen stellenweise noch erhalten geblieben sind, daneben aber lebt er in Calabrien auch im reinen hochstämmigen Kiefernwald oberhalb 1200 m (Stresemann 1957).

Wanderungen

„Aus ihrem vom westlichsten bis zum östlichsten Europa reichenden Brutgebiet wandern die Waldlaubsänger in einen Zugtrichter, der in Südeuropa etwa vom Ostrand der Pyrenäen bis nach West-Griechenland reicht. Danach fliegen sie über das Mittelmeer in parallelen Fluglinien nach Süden und erreichen die Nordküste Afrikas zwischen 0° und 20° E. Nur wenige (vom Kurs abgeirrte) Individuen landen an der afrikanischen Küste westlich oder östlich dieser Grenzzone.

Auf afrikanischem Boden setzen die Waldlaubsänger den Zug nach Süden fort. Sie überfliegen in Breitfront die Sahara und mögen manchmal einige Zeit im südlichen Sudan verweilen, bevor sie die eigentliche Winterherberge aufsuchen.

Der Heimzug geschieht offenbar auf dem gleichen Wege wie der Wegzug. Eine Ausnahme machen die östlichsten und wahrscheinlich auch die westlichsten Populationen; sie kürzen den Weg im Frühjahr ab.“ (Stresemann 1955).

Gegen diese Deutung phaenologischer Unterlagen hat Moreau (1961) Einwendungen gemacht. Er vermutet, daß der Zugtrichter im Herbst nicht enger ist als im Frühjahr und beruft sich dabei vor allem auf seine Hypothese von der „invisible migration“.

Ringfunde von Durchzüglern: Die bis 1953 gemeldeten Ringfunde hat Stresemann (1955) kartiert. Im Herbst waren damals vier britische Ringträger in Italien erbeutet worden, wohin auch die Fluglinien von zwei schwedischen und sechs deutschen Ringträgern wiesen. Ein lettischer Waldlaubsänger wurde im Herbst auf der Insel Paxos (vor der griechischen Adriaküste) gefangen. Seitdem sind drei Herbstfunde dazugekommen.

Beringt Hampshire (England) 15. Juni 1956 — erbeutet Padua (Italien) 15. August 1956 (Spencer 1957).

Beringt Frankfurt a. M. 7. Juni 1953 — erbeutet Catania (Sizilien) 4. September 1955 (Lambert 1956).

Beringt Närke (Schweden) 16. Juni 1949 — erbeutet Prov. Firenze (Italien) 29. August 1950 (Rendahl 1960).

Die Winterherberge liegt jenseits der Sahara. Sie erstreckt sich nach Westen bis Nigeria und bis zur Goldküste, nach Osten ungefähr bis zum Ostrand des Congo-Gebietes, nach Süden in Mittelafrika bis über 5° S hinaus. Die große Mehrzahl scheint die Monate Oktober bis März in Nigeria, Kamerun und nördlich des großen Congo-Bogens zu verbringen. Unser Vogel wird im Winter vor allem an den Rändern des Urwaldes und auf Lichtungen, aber auch auf höheren Bäumen der Savannen gefunden. Dort erst werden zwischen Dezember und März die Schwungfedern erneuert.

Ringfund: Beringt 6. August 1949 bei Zagreb (Jugoslawien) — erbeutet Galikolo, Congo, 4°50′ S, 21° E. (Stresemann 1955).

Der Abzug aus dem Brutgebiet beginnt in der letzten Dekade des Juli; die meisten verlassen es bis Mitte August; Nachzügler verweilen bis Mitte September. Die Mehrzahl erscheint erst im Oktober und November im Winterquartier.

Der Heimzug setzt in Afrika bei manchen Individuen schon in der letzten Dekade des März ein. Viele folgen im April; manche verbleiben in den Tropen bis Anfang Mai.

Die Mehrzahl erscheint in Mitteleuropa in den meisten Jahren nach Mitte April; in Süd-Finnland (Hortling 1929) in der ersten Hälfte des Mai. Bei Archangelsk kommt der Waldlaubsänger gar erst zwischen 17. Mai und 8. Juni an (Ptuschenko 1954).

Sylvia hortensis (Gmelin)

bearbeitet von

G. MAUERSBERGER, L. A. PORTENKO und E. v. VIETINGHOFF-SCHEEL

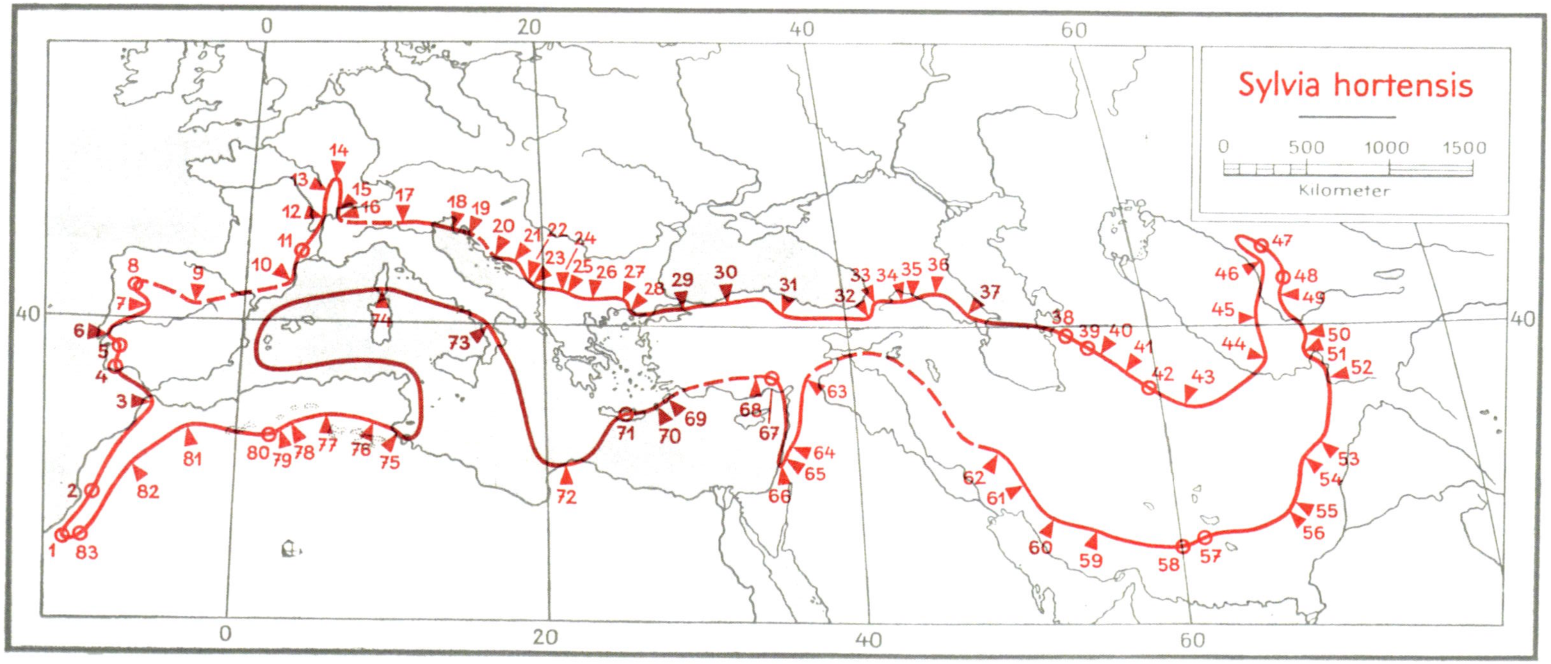
Sylvia hortensis
0 500 1000 1500
Kilometer

FUNDORTLISTE

Fundort		Quelle
1. Dj. Guir	Bs	Heim de Balsac 1954
2. Sous	AJs	Lynes 1925
3. Tangier (= Tanger)	As	Irby 1895
o Gibraltar	Ns	Irby 1895
4. Provinz Algarve	Ac	Tait 1924
5. Extremadura	Ac	Reis 1931
6. Lisbon (= Lissabon)	A	Tait 1924
7. Aldehuela de Yeltes	A	Bernis brfl. 1961
8. Trás-os-Montes	Ac	Reis 1931
9. Espinosa de Henares ↓	B	Bernis brfl. 1961
10. Saint-Paul de Fenouillet	A	Mayaud 1933
11. Causse du Larzac	A	Hüe 1947
– Saint-Martin-de-Londres	A	Mayaud 1934
12. Saint-Laurent-de-Vaux	As	Douaud 1952
13. Dijon ↓	As	Jouard 1938
14. Bourbonne-les-Bains (10. VIII.)	As	Olivier 1938
15. Veyrier	Ns	Géroudet 1950
16. Lac du Bourget	A	Bailly 1853
17. Garda	As	v. Hedemann 1956
18. Umag	Ba	Rucner 1960
19. Senj	Ba	Rucner 1960
20. Mosor-Gebirge	B	Krpan 1957
21. Mostar	As	Reiser 1939
22. Cattaro	Nc	Kollibay 1904
23. Rijeka	Ns	Reiser u. v. Führer 1896
o Predelec	Na	v. Führer 1900, 1901
24. Skoplje	A	Karaman 1950
25. Veles	Ns	Banzhaf 1931
26. Kresna-Schlucht	As	Pateff 1950
– Sandanski	As	Mauersberger u. Stübs unveröffentl.
27. Kyrdshali ↓	As	Mauersberger u. Stübs unveröffentl.
– Momtschilgrad	As	Mauersberger u. Stübs unveröffentl.
28. Alexandroupolis	A	Flach 1955
29. Scutari (= Üsküdar)	A	Mathey-Dupraz 1921
30. Çatalağzl	As	Ogilvie 1954
31. Cakalla (Amasya)	As	Smith 1960
32. Fluß Tortum (25. VIII.)	A	Nesterow 1911
33. Ardanutsch (= Adakale)	Ac	Nesterow 1912
o Artwin	Jc	Nesterow 1910
34. Belyj Klutsch (= Tetri-Ckaro)	Ac	Cwetkow 1901
35. Mccheta	Jc	Banjkowskij 1913
36. Lagodechi	A	Nesterow 1911
37. Achsu (SW Schemacha)	As	Satunin 1907
38. Großer Balchan	BJ	Dementjew et alii 1955
39. Kjuren-Dag	A	Kolesnikow 1956
40. Bami	Ac	Zarudnyj 1886
o Guermab (= Germob)	As	Stolzmann 1893
41. Asilma-Dag	Bs	Zarudnyj 1896
42. Chezarmesdshed-Gebirge	Ba	Zarudnyj 1900
43. Pul-i-chatum	As	Radde u. Walter 1889
o Kugi-Tang-Tau	B	Schestoperow 1936
44. Akkischlak	AJ	Meklenburcew 1958
45. Farisch	As	Meklenburcew 1937
46. Turkestan	A	Korelow brfl. 1961
	A	Schaposchnikow 1931
	Ac	Dolguschin 1933
47. Karatau	NJ	Korelow brfl. 1961
48. Naturschutzgeb. Aksu-Dshabagly	Bc	Schewtschenko 1948
49. Oberlauf des Tschirtschik	Bc	Korelow 1956
50. Fluß Kschemysch	A	Ivanov 1940
51. Tabi-dar (= Towil-dora)	A	Bianchi 1887
52. Roschtkala	A	Meklenburcew 1937
53. Mama Khel (Safed Koh)	A	Coll. Amer. Mus. Nat. Hist. (Vaurie brfl. 1960)
54. Tesa Kotai (Gardez)	A	Coll. Amer. Mus. Nat. Hist. (Vaurie brfl. 1960)
55. Ziarat	Bc	John 1889
56. Quetta	Bc	John 1889
57. Berge W Kuch-i-Tuftan	B	Zarudnyj 1903
58. Berge bei Bazman	As	Zarudnyj 1903
59. Niriz	A	Blanford 1876
60. Dasht-i-arjan (8. IV.)	As	Witherby 1903; Coll. Amer. Mus. Nat. Hist. (Vaurie brfl. 1960)
61. Deh-i-Diz (14. IV.)	As	Witherby 1907
62. Damavar (75 km NE Dizful)	A	Coll Amer. Mus. Nat. Hist. (Vaurie brfl. 1960)
63. Gaziantep	Aa	Bird 1937
64. Ainata	Bc	Hollom 1959
65. Rachaya	Bc	Hollom 1959
66. Wadi Ara	Ns	Mendelssohn brfl. 1960
– Dir el Kassi	Ns	Mendelssohn brfl. 1960
67. Taurus	Aa	Hollom 1955
68. Kara Dagh	Nc	Ramsay 1914
69. Rodi (= Rhodos)	A	Sassi 1937
70. Scarpanto (= Karpathos)	A	Sassi 1937
71. Kreta	Nc	Pease 1940
72. Merg (= Merdj)	Js	Hartert 1923
73. Crocefisso	As	Stresemann 1957
74. Bonifacio	As	Cabanne u. Ferry 1948
75. Gabès	B	Heim de Balsac u. Mayaud 1962
76. Gafsa (IV.)	Ac	Whitaker 1905
77. Biskra (7. IV.)	As	Rothschild u. Hartert 1912
78. Messad	N	Heim de Balsac 1926
79. Laghouat	N	Heim de Balsac 1926
80. Dj. Amour	N	Snow 1952
81. Debdou	Bc	Brosset 1956
82. Azilal	Ns	Lynes 1933
83. Anja (= Ansas)	B	Heim de Balsac 1954

Anmerkungen

Zu P. 9:

Die unterbrochene Grenzlinie folgt einem Vorschlag von Bernis (brfl. 1961).

Zu P. 13:

Normale vereinzelte Vorkommen nördlich und westlich dieser Grenze in Frankreich können zu sporadischen Bruten führen; so geschah es 1937 bei Orléans (de Tristan 1938).

Zu P. 27:

Diese Beobachtungen von 1963 legen die Vermutung nahe, daß *hortensis* auch östlich davon (z. B. im Strandja-Gebirge) weiter nach Norden verbreitet ist.

LITERATUR

Ali 1955 — J. Bombay Nat. Hist. Soc. 52, 757.
Archer u. Godman 1961 — Birds Brit. Somaliland, Gulf Aden. Edinburgh-London. 4, 1212.
Bailly 1853 — Ornith. Savoie. Paris-Chambéry. 2, 349.
Banjkowskij 1913 — Bull. Mus. Caucase 7, 51.
Banzhaf 1931 — J. Orn. 79, 321.
Bianchi 1887 — Bull. Acad. Sci. St.-Pétersb. 31, 354.
Bird 1937 — Ibis (14) 1, 76.
Blanford 1876 — Eastern Persia. London. 2, 172.
Brosset 1956 — Alauda 24, 193.
Cabanne u. Ferry 1948 — Alauda 16, 145.
Cwetkow 1901 — Mat. Fauna Flora Ross. 5, 95.
Dementjew et alii 1955 — Zap. Mosk. Uniw. 171, 155.
Dolguschin 1933 — Izw. Akad. Nauk Kazach. SSR 10, 110.
Douaud 1952 — Alauda 20, 176.
Flach 1955 — Fauna och Flora 50, 209.
v. Führer 1900 — Orn. Jb. 11, 187.
v. Führer 1901 — Orn. Jb. 12, 17.
Géroudet 1950 — Nos Oiseaux 20, 228.
Glutz von Blotzheim 1962 — Brutvögel Schweiz. Aarau. 469.
Hartert 1923 — Novit. Zool. 30, 18.
v. Hedemann 1956 — Orn. Mitt. 8, 1.
Heim de Balsac 1926 — Mém. Soc. Hist. nat. Afr. Nord 1, 55.
Heim de Balsac 1954 — Alauda 22, 165.
Heim de Balsac u. Mayaud 1962 — Oiseaux Nord-Ouest Afrique. Paris. 317.
Hollom 1955 — Ibis 97, 13.
Hollom 1959 — Ibis 101, 194.
Hüe 1947 — Alauda 15, 197.
Irby 1895 — Orn. Straits Gibraltar. London. 52.
Ivanov 1940 — Oiseaux Tadjikistan. Moscou-Leningrad. 227.
John 1889 — Ibis (6) 1, 165.
Jouard 1938 — Alauda 10, 259.
Karaman 1950 — Larus 3, 273.
Kolesnikow 1956 — Acta Univ. Asiae med. 86, 186.
Kollibay 1904 — J. Orn. 52, 115.
Korelow 1956 — Prir. chozj. isl. Bostandyk. Alma-Ata. 303.
Krpan 1957 — Larus 9 u. 10, 138.
Krüper 1861 — J. Orn. 9, 276.
Krüper 1875 — J. Orn. 23, 261.
Lynes 1925 — Mém. Soc. Sci. Nat. Maroc 13, 48.
Lynes 1933 — Mém. Soc. Sci. Nat. Maroc 36, 43.
Mackintosh 1941 — Zool. Soc. Egypt. Bull. 3, 11.
Mathey-Dupraz 1921 — Orn. Beob. 19, 41.
Mayaud 1933 — Alauda 5, 475.
Mayaud 1934 — Alauda 6, 249.
Meklenburcew 1937 — Acta Univ. Asiae med. 8a, Zool. 26, 39.
Meklenburcew 1958 — Acta Univ. Asiae med. 130, 30; 97.
Nesterow 1910 — Bull. Mus. Caucase 5, 31.
Nesterow 1911 — Messag. orn. 2, 105.
Nesterow 1912 — Ann. Mus. Zool. St.-Pétersb. 16, 356.
Ogilvie 1954 — Ibis 96, 88.
Olivier 1938 — Alauda 10, 210.
Paludan 1940 — Dan. Sci. Invest. Iran. Copenhagen. 2, 45.
Pateff 1950 — Birds Bulgaria. Sofia. 109.
Pease 1940 — Ibis (14) 4, 100.
Portenko 1960 — Pticy SSSR. Moskwa-Leningrad. 4, 87.
Radde u. Walter 1889 — Ornis 5, 52.
Ramsay 1914 — Ibis (10) 2, 375.
Reis 1931 — Cat. sist. aves Portugal. Pôrto. 101.
Reiser u. v. Führer 1896 — Ornis Balcan. Wien. 4, 59.
Reiser 1939 — Ornis Balcan. Wien. 1, 59.
Rothschild u. Hartert 1912 — Novit. Zool. 18, 506.
Rucner 1960 — J. Orn. 101, 310; 314.
Sassi 1937 — Verh. Orn. Ges. Bayern 21, 108.
Satunin 1907 — Mat. ptic. Kawkaz. kraja. Tiflis. 46.
Schaposchnikow 1931 — Bull. Soc. Nat. Moscou 40/3–4, 256.
Schestoperow 1936 — Bull. zool. Stat. sci. Res. Turkomania 1, 166.
Schewtschenko 1948 — Trudy zapow. Aksu-Dshabagly 1, 53.
Schüz 1957 — Orn. Beob. 54, 28.
Smith 1957 — Ibis 99, 320.
Smith 1960 — Ibis 102, 582.
Snow 1952 — Ibis 94, 492.
Stolzmann 1893 — Bull. Soc. Nat. Moscou (2. ser.) 6, 399.
Stresemann 1928 — J. Orn. 76, 376.
Stresemann 1943 — J. Orn. 91, 487.
Stresemann 1957 — J. Orn. 98, 384.
Tait 1924 — Birds Portugal. High Holborn. 82.
Vaurie 1954 — Amer. Mus. Novit. 1692, 1.
Whitaker 1905 — Birds Tunisia. London. 1, 89.
Witherby 1903 — Ibis (8) 3, 541.
Witherby 1907 — Ibis (9) 1, 86.
Woltschaneckij 1954 — Pticy Sow. Sojuza. Moskwa. 6, 339.
Zarudnyj 1886 — Bull. Soc. Nat. Moscou 61, 300.
Zarudnyj 1896 — Mat. Fauna Flora Ross. 2, 82.
Zarudnyj 1900 — Mém. Acad. Sci. St.-Pétersb. (8) 10/1, 210.
Zarudnyj 1903 — Oiseaux Perse orient. St.-Pétersb. 402.

Briefliche Auskünfte erteilten: Bernis (Spanien), Korelow (Sowjetunion), Mendelssohn (Israel), Vaurie (Iran).

Sylvia hortensis (Gmelin)

Orpheusgrasmücke

Zur Verbreitung und Gliederung

Das Areal der Orpheusgrasmücke dehnt sich über 80 Längengrade aus. Trotzdem ist die Klüftung in geographische Rassen nicht weit fortgeschritten. Vaurie (1954) unterscheidet 4 Subspecies, nämlich: 1. eine westliche, vom Atlantik nach Osten bis Italien verbreitet, mit kurzem Schnabel (*hortensis* Gmelin); 2. eine mittlere, von Transkaukasien, Vorderasien und der Balkanhalbinsel längs der Adriaküste westwärts bis Istrien reichend, mit längerem Schnabel (*crassirostris* Cretzschmar); 3. eine östliche aus Tadshikistan, Afghanistan und Nord-Baludschistan, Schwanz relativ länger als bei den beiden vorigen; Schnabel noch länger als bei *crassirostris* (*jerdoni* Blyth); 4. die Populationen der Gebirge Transcaspiens und Irans, intermediär zwischen *crassirostris* und *jerdoni* (*balchanica* Zarudny und Bilkewitsch).

Oekologie

In Frankreich ist die Orpheusgrasmücke vom Saum des Mittelmeers her nach Norden vorgedrungen, hat aber nur dort Fuß gefaßt, wo sie einen Biotop mit mediterranen Anklängen vorfand. In der Umgebung von Genf sind das, nach GLUTZ 1962), trockene, sonnige Hänge der Hügel oder des Gebirgsfußes in 400—900 m Höhe, an denen hohe Büsche oder dichte, mit Bäumen durchsetzte Hecken wachsen; auch in freistehenden Gebüschgruppen nistet sie dort. Diese Biotop-Kennzeichnung entspricht derjenigen, die vielerorts für Italien, Dalmatien, Griechenland und Kleinasien gilt; dort nistet sie auch in der buschreichen Tiefebene. In Nordwest-Afrika begleitet sie das Gebüsch der Berghänge nicht höher als etwa 1700 m (so hoch nur am Djebel Amour) und nistet auch noch in den ersten Oasen der Sahara (HEIM DE BALSAC & MAYAUD 1962).

Dagegen liegen so gut wie alle Nistorte der beiden östlichen Subspecies (*balchanica* und *jerdoni*) oberhalb von 1200 m. Zu dieser engen Anpassung an die oekologischen Bedingungen der Gebirge mag beigetragen haben, daß in den dortigen kahlen Bergzügen der höhere Strauchwuchs erst von dieser Höhenstufe an gedeiht. Im Elbursgebirge fand SCHÜZ (1957) die Orpheusgrasmücke am Brutplatz in 1700 m, HEINRICH (bei STRESEMANN 1928) zwischen 1800 und 2000 m Höhe. In der Bergwüste bei Abr, 1600 m, begegnete ihr PALUDAN (1940) nur an den wenigen Stellen, wo *Berberis*-Büsche wuchsen. Die aus Armenien bekannten Nistplätze (WOLTSCHANECKIJ 1954) liegen in Höhen zwischen 1350 und 2600 m Höhe, und aus Tadshikistan kennt IVANOV (1940) solche Örtlichkeiten nur aus Lagen zwischen 1200 und 2000 m; dort haust *Sylvia hortensis jerdoni* an steilen Berghängen im dichten Buschwerk (vor allem aus *Amygdalis bucharica* und *Acer pubescens* bestehend).

Nest bei Genf im Brombeer-Dickicht, in dichten Hecken oder auf kleinen Bäumen, den Zweigen in 1 bis 2,5 m Höhe aufgesetzt (GLUTZ 1962). Einige von KRÜPER (1861) in Griechenland gefundene Nester standen leicht sichtbar in den Spitzen der Büsche oder auf den Zweigen der Bäume.

Wanderungen

Zugvogel mit drei voneinander getrennten Winterherbergen: 1. Sahel-Zone des nördlichen Westafrika — 2. Küsten des Roten Meeres und mittleren Niltals — 3. Vorderindien.

a) Die westliche Subspecies *hortensis* quert mit annähernd südlicher Zugrichtung die westliche bzw. mittlere Sahara und überwintert im Sahel südlich bis Sénégal und Zinder, östlich bis Darfur (etwa 25° E).

Ringfund: beringt bei Rom 29. April 1935 — gefunden in der Oase Siwa 26. September 1935 (MACKINTOSH 1941).

b) Die zu *S. h. crassirostris* zählenden Populationen versammeln sich im Winter in West-Arabien, an beiden Ufern des Roten Meeres (südwärts bis Eritrea) und im sudanesischen Abschnitt des Niltales, wo sie sich an bebuschten Plätzen einstellen.

STRESEMANN (1943) hat aus phaenologischen Angaben gefolgert, daß die in Südost-Europa und auf Kreta nistenden Orpheusgrasmücken sich auf ihrer Wanderung zunächst nach Kleinasien—Syrien wenden, denn während der Zugzeiten kommt diese Art in Aegypten nicht vor.

c) *S. h. jerdoni* überwintert in spärlich bebuschten Trockengebieten der vorderindischen Halbinsel, nach Osten bis etwa 84° E, nach Süden bis 10° N.

d) *S. h. balchanica*; Wintergebiet umstritten. VAURIE (1954) nimmt an, daß sich die Populationen von Transkaspien und Iran zum Überwintern „durch Iran und Iraq nach Arabien und anscheinend Somaliland" begeben. Dieser Theorie steht die Tatsache entgegen, daß die Orpheusgrasmücke so gut wie niemals im Iraq erscheint (nur drei Exemplare sind nachgewiesen worden), und daß sie nach ARCHER (1961) im Somaliland nur ein einziges Mal gefunden worden ist (von v. ERLANGER). Ich vermute daher, daß auch *S. h. balchanica* den Winter in Indien verbringt.

Die adulten Orpheusgrasmücken erneuern die Schwungfedern in der Heimat, kurz bevor sie ins Winterquartier wandern.

Die Brutplätze verlassen sie bei Genf und in Tadshikistan in der Regel von Mitte August bis Mitte September. ALI (1955) stellte in Kutch die ersten Ankömmlinge am 1. September fest. SMITH (1957) sah sie in Eritrea nicht vor Mitte November.

Die Mehrzahl verläßt die Winterherberge im März; der Durchzug durch die westliche Sahara setzt sich aber spärlich bis in den Mai fort.

Bei Smyrna erscheint die Mehrzahl Ende März (KRÜPER 1875), in Griechenland in der 1. Hälfte des April (KRÜPER 1861). Die Ersten zeigen sich bei Genf im Mittel am 5. Mai (25. April bis 15. Mai, nach GLUTZ 1962). Bei Sarai-Bulag (Armenien) wurden nach WOLTSCHANECKIJ (1954) die Ersten am 13. Mai bemerkt; wenige Tage später waren sie dort häufig. Auch in Transkaukasien erscheinen sie erst gegen Mitte Mai (PORTENKO 1960).

Sylvia borin (Boddaert)

bearbeitet von

L. A. PORTENKO und E. v. VIETINGHOFF-SCHEEL

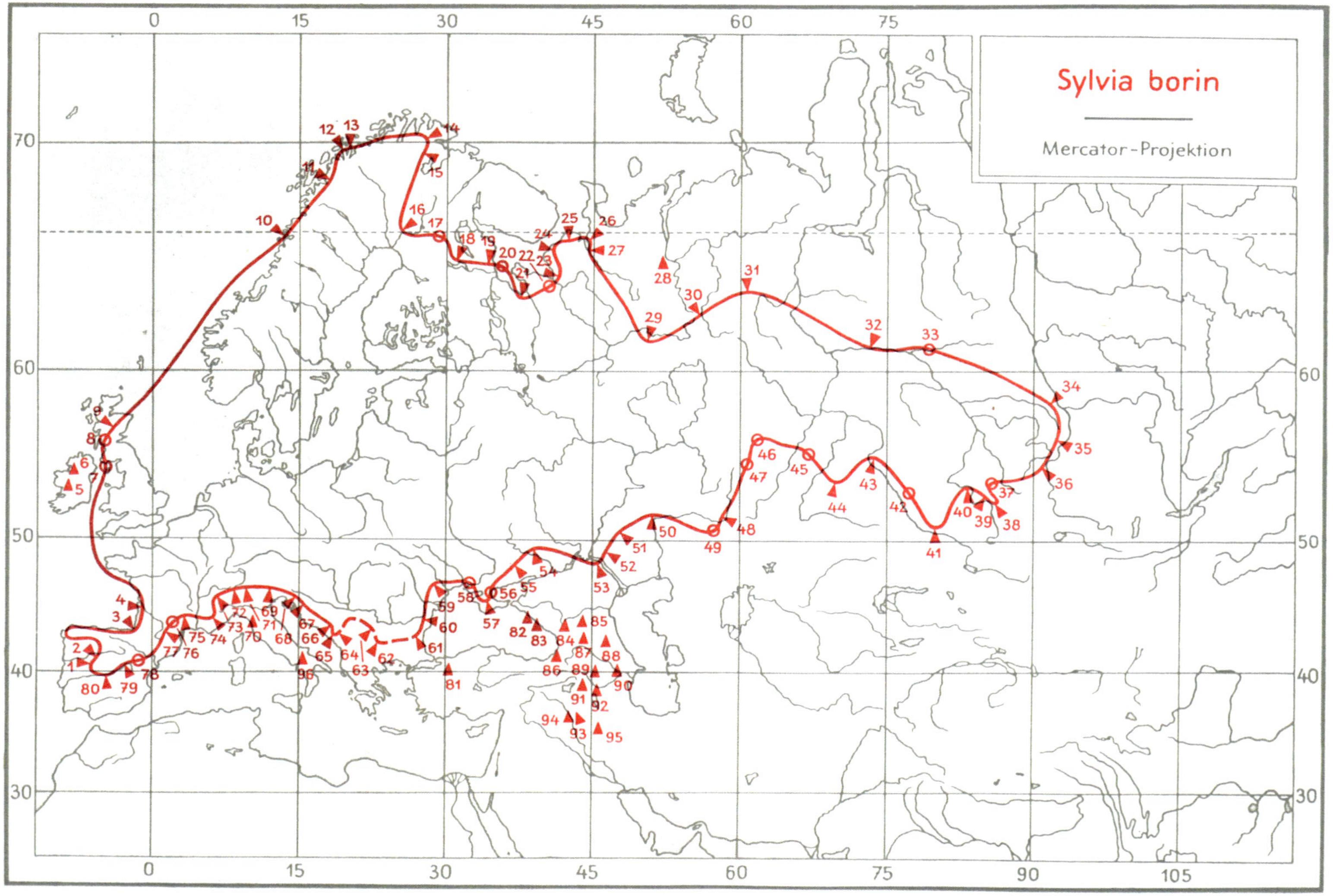
Sylvia borin
Mercator-Projektion

FUNDORTLISTE

Nr.	Fundort			Quelle
1.	Sierra Peña de Francia	↓	A	Bernis brfl. 1961
2.	Salamanca (6., 13. V.)		As	Abs 1959
3.	Saint-Jean-de-Luz		Ac	Mayaud 1943
4.	Bordeaux		Aa	Steinbacher 1944
5.	Shannon-Seen		N	Witherby et alii 1952
6.	Lough Erne		N	Witherby et alii 1952
7.	Insel Man		Bs	Witherby et alii 1952
8.	„Clyde-Area“		Ac	Witherby et alii 1952
9.	Pitlochry		As	Witherby et alii 1952
10.	Sandnessjøen (Alsten)		Bc	Myrberget 1959
–	Dønna		Bc	Myrberget 1959
–	Lovunden		Bc	Myrberget 1959
11.	Narvik		As	Watson 1957
12.	Maalselv (Tromsø)		Ac	Collett 1872
13.	Lyngsdalen/Lyngen		Aa	Watson 1957
14.	Pulmak		As	Chapman 1885
15.	NW Enare-See		Bs	Merikallio 1958
16.	Ounasjoki		As	Koskimies 1943
17.	Oulankajoki		As	Suomalainen 1952
18.	Uhtua		Bs	Lampio 1945
–	Pistojärvi		As	Lehtonen 1943
19.	Ponjgoma		Bc	Blagosklonow 1960
20.	Solowecki-Inseln (25.VIII.)		A	Woltschaneckij 1954
21.	Maloschujskij (50 km W Onega)		As	Portenko brfl. 1961
22.	S Archangelsk		Ns	Portenko brfl. 1961
23.	Archangelsk		Ac	Seebohm 1882; Alston u. Harvie Brown 1873
24.	Zolotica		N	Spangenberg u. Leonowitsch 1960
25.	Kojda		As	Spangenberg u. Leonowitsch 1960
26.	Sjomsha		Bs	Spangenberg u. Leonowitsch 1960
27.	Mezenj		Ns	Portenko brfl. 1961
28.	Zusammenfluß v. Cilma u. Petschora		Ac	Portenko brfl. 1961
29.	Syktywkar		A	Andrejew u. Bianchi 1910
30.	Poktscha		B	Dmochowskij 1933
31.	Saranpaul		Aa	Portenko 1937
–	Sjortynja		Aa	Portenko 1937
32.	Surgut		Ns	Tschugunow 1915; Johansen 1954
33.	Fluß Wach		A	Johansen 1954
34.	Jenisejsk		A	Tugarinow u. Buturlin 1911
35.	Krasnojarsk		Bs	Judin 1952
36.	Bateni		A	Zalesskij 1921
37.	Oberlauf des Tschumysch		B	Chachlow 1937
38.	Tschoja		A	Suschkin 1938
39.	Bijsk		A	Portenko brfl. 1961
40.	Barnaul		A	Johansen 1954
41.	Semipalatinsk		Bs	Chachlow u. Selewin 1928
42.	N Kulunda-Steppe		Ns	Jurlow 1951
43.	Omsk		B	Lawrow 1925
44.	Borowoje (SE Koktschetaw)		Nc	Malyschewskij 1960
45.	Waldsteppe zw. Kurgan u. Omsk		A	Ruszkij 1897
46.	Sinara-See		NJ	Woltschaneckij 1928
47.	Ilmen-Naturschutzgebiet		B	Snigirewskij 1929
48.	Orsk		Ac	Zarudnyj 1897
49.	Oberlauf d. Ilek		As	Zarudnyj 1897
50.	Uralsk	↓	Ac	Zarudnyj 1897
51.	Fluß Uzen (b. Aleksandrow Gaj)		N	Woltschaneckij 1937
52.	Elton-See		B	Woltschaneckij 1937
53.	Tschernyj Jar		B	Kracht 1919
–	Solenoje Zajmischtsche (V.)		A	Argiropulo 1929
54.	Station Mitjakinskaja (50 km SW Millerowo)		Bc	Awerin 1911
55.	Försterei Weliko-Anadolskoje (N Wolnowacha)		B	Budnitschenko 1949
56.	Siwasch (= Faules Meer)		Bs	Woroncow 1937
–	Schatilofka (Karasu- [= Salgir]-Mündung)		Ns	Schatiloff 1960
57.	Steppengärten am Unterlauf des Karasu		Bc	Nikolskij 1891
58.	Dnjepr-Mündung		B	Klimenko 1950
59.	Petrowka		B	Nazarenko 1957
–	Sewerinowka		B	Nazarenko 1957
60.	Blatniza		B	Petrov u. Zlatanov 1955
o	W „Sonnenstrand“ (Nessebyr)		As	Grössler brfl. 1962
61.	Gjulowce (N Burgas)		Js	v. Jordans 1940
62.	Bansko	↓	Aa	v. Jordans 1940
63.	Pirot		A	Matvejev 1950
64.	Kolašin		Js	Reiser 1896
65.	Herceg Novi		Ns	Schönfuss 1962
66.	Božanovici		As	Reiser 1939
67.	Plitvica-Seen		Bs	Rucňer 1956
68.	Brod		As	Rucner 1950
69.	Caneva (9.–16. VII.)		A	Vallon 1905
70.	Passo del Abetone		Aa	Stresemann 1957
71.	Sondrio		As	Moltoni 1940
72.	N Monte Generoso		Aa	Stresemann 1955
73.	Torre Pellice		A	de Beaux 1949
74.	Fontanalba (16. VII.)		A	Ferry u. Hortigue 1962
75.	Aigoual		A	Meylan 1933
76.	Monts de Lacaune		A	Hüe 1947
77.	Lanet		A	Affre 1960
–	Bouisse		A	Affre 1960
78.	Albarrazin (Prov. Teruel)		Bs	Bernis 1955
79.	Cuenca		A	Bernis brfl. 1961
80.	Navas de Estena	↓	A	Bernis 1955
81.	Abant-See (= Abant Gölü)	↓	Ac	Wadley 1951
82.	Fluß Beta (80 km SE Noworossijsk)		B	Stachowskij 1941
83.	Utsch-Dere (N Sotschi; VII.)	↓	A	Dorowatowskij 1913
84.	Dshinal-Höhen		Ac	Lorenz 1887
85.	Soldatskaja (NW Prochladnyj)		A	Pleske 1891
86.	Tschoroch-Mündung		B	Nesterow 1912
87.	Balta (S Ordshonikidze = Wladikawkaz = Dzaudshikau; Ende V.)		As	Boehme 1926
88.	Aul Kazanischtsche (Buinaksk; VII.)		A	Boehme 1933
89.	Sewan-See		Bc	Laister u. Sosnin 1942
90.	Achsu		A	Satunin 1907
91.	Aralych		Ac	Bobrinskoj 1915
92.	Dshulfa		Bc	Laister u. Sosnin 1942
93.	Sirsing (Amadia valley; 12. V.)		A	Moore u. Boswell 1956
94.	Zakho		Ac	Moore u. Boswell 1956
95.	Tawile (7. VI.)	↓	A	Portenko brfl. 1961
96.	Monte Gargano		Ns	Di Carlo 1963

Anmerkungen

Zu P. 1:

Die Grenzziehung in Spanien folgt einer Karte von BERNIS (brfl. 1961).

Zu P. 50:

KARELIN und SEWERCOW erlegten Gartengrasmücken im Mai und noch Anfang Juni bei Gurjew (Coll. Zool. Inst. Leningrad; PORTENKO brfl. 1961); vgl. Kap. „Wanderungen".

Zu P. 62:

Neuere Ermittlungen erwiesen keine weiteren Vorkommen in Bulgarien; möglicherweise brütet *borin* aber noch in anderen gebirgigen Teilen des Landes (Rila, Stara Planina) und zwischen diesen und der Donau.

Zu P. 80:

JOURDAIN (1937) behauptet das Brüten in Malaga; diese und andere nicht aufgenommene Angaben aus dem Süden mögen auf falscher Deutung später Frühjahrsdaten und auf Verwechslung der Eier beruhen. Neuere, intensive Forschungen erbrachten keinen Anhalt für Brutvorkommen.

Zu P. 81:

Da KUMERLOEVE (brfl. 1963) Ende Juni an dieser Stelle keine Gartengrasmücke bemerkte, liegt die Analogie zu anderen südlichen Vorkommen nahe (s. Anm. zu den Punkten 50, 80 und 83—95).

Zu P. 83—95:

„Alle literarischen Angaben zum Brüten von *S. borin* im Kaukasus erscheinen zweifelhaft. Auffälligerweise sind nämlich in keinem Falle Nester, Eier oder noch nicht flugfähige Jungvögel gefunden worden. So erfahrene Ornithologen wie etwa BANJKOWSKIJ und KUDASCHEW halten *borin* im Kaukasus für einen reinen Durchzügler. Am gesamten Südhang der Hauptkette, in fast ganz Grusinien und in Azerbajdshan ist sie vollends niemals zur Brutzeit angetroffen worden. Offenbar verhält sich *S. borin* ähnlich wie gewisse nördliche Limikolen. — Möglicherweise verweilen Gartengrasmücken nördlicher Populationen besonders gern in den Bergen; die Sommerfunde im Kaukasus, im Kopet-Dagh und bei Alma-Ata sind schwerlich als zufällig anzusehen. Jedenfalls können sich Gartengrasmücken im Frühling bis Anfang Juni südlich ihres Brutgebietes aufhalten. Anfang August beginnen sie bereits wieder nach Süden zu verstreichen; ZARUDNYJs Fund (1886) um Ende Juli im Kopet-Dagh stellt wohl einen ausnehmend frühen Fall dazu dar." (PORTENKO brfl. 1961).

Der geringe Grad der Durchforschung dieser Landstriche ließ die Eintragung der kaukasischen Punkte dennoch geraten erscheinen.

LITERATUR

ABS 1959 — Ardeola 5, 155.
AFFRE 1960 — Oiseaux de France 10/3—4, 34.
ALSTON u. HARVIE BROWN 1873 — Ibis (3) 3, 61.
ANDREJEW u. BIANCHI 1910 — Ann. Mus. Zool. St.-Pétersb. 15, 249.
ARGIROPULO 1929 — Ann. Mus. Zool. Leningrad 29, 32.
AWERIN 1911 — Trav. Soc. Nat. Kharkov 44, 270.
DE BEAUX 1949 — Riv. Ital. Orn. 19, 138.
BERNIS 1955 — Acta XI. Con r. Int. Orn. 1954. Basel. 422.
BLAGOSKLONOW 1960 — Trudy Kandalak. Zapow. 2, 93.
BOBRINSKOJ 1915 — Bull. Mus. Caucase 8, 52.
BOEHME 1926 — Bull. Inst. Explor. Caucase Nord 1, 212.
BOEHME 1933 — Nachr. 2. nordkaukas. päd. Inst., 144.
BRICKENSTEIN-STOCKHAMMER u. DROST 1956 — Vogelwarte 18, 202
BUDNITSCHENKO 1949 — Sborn. trud. Stawropol. ped. inst. 5, 21.
DI CARLO 1963 — Riv. Ital. Orn. 33, 53.
CHACHLOW 1937 — Mém. Perm. Ped. Inst. 1, 221.
CHACHLOW u. SELEWIN 1928 — Uragus 3/2, 33.
CHAPIN 1953 — Birds Belgian Congo. New York. 3, 466.
CHAPMAN 1885 — Ibis (5) 3, 181.
COLLETT 1872 — Forh. Vid.-Selsk. Christiania. 10.
DMOCHOWSKIJ 1933 — Bull. Soc. Nat. Moscou (biol.) n. s. 42, 234.
DOROWATOWSKIJ 1913 — Trudy izutsch. tschernomorsk. poberesh-ja 1, 47.
FERRY u. HORTIGUE 1962 — L'Oiseau 32, 152.
HEIM DE BALSAC u. MAYAUD 1962 — Oiseaux Nord-Ouest Afrique. Paris. 318.
HEINRICH 1958 — J. Orn. 99, 419.
HÜE 1947 — Alauda 15, 197.
JOHANSEN 1904 — Orn. Jb. 15, 82.
JOHANSEN 1954 — J. Orn. 95, 105.
v. JORDANS 1940 — Mitt. Naturwiss. Inst. Sofia 13, 105—106.
JOURDAIN 1937 — Ibis (14) 1, 132.
JUDIN 1952 — Trudy Zool. Inst. Akad. nauk SSSR 9, 1044.
JURLOW 1951 — Izw. Zap.-Sibir. Akad. Nauk SSSR 4/1, 37.
KADLEC 1959 — Sylvia 16, 203.
KARELIN 1875 — Trav. Soc. Nat. St.-Pétersb. 6, 287.
KLIMENKO 1950 — Trudy Tschernomorsk. Zapow. 1, 50.
KOSKIMIES 1943 — Orn. Fenn. 20, 107.
KRACHT 1919 — J. Orn. 67, 326.
LAISTER u. SOSNIN 1942 — Ornis Armeniaca. Erewan. 335.
LAMPIO 1945 — Orn. Fenn. 22, 50.
LAWROW 1925 — Trudy Sibir. Sel.-Choz. Akad. 4, 3.
LEHTONEN 1943 — Orn. Fenn. 20, 53.
LORENZ 1887 — Beitr. Kennt. orn. Fauna Nordseite Kaukasus. Moskau. 27.
LUNDEVALL 1952 — Svenska Vetenskapsak. Avhandl. 7, 38.
MALYSCHEWSKIJ 1960 — Ornitofauna Borowoje (Manuskr.).
MATVEJEV 1950 — Ornithogeogr. Serbica. Beograd. 199.
MAYAUD 1943 — L'Oiseau 13, 65.
MERIKALLIO 1958 — Finnish Birds. Helsinki. 125.
MEYLAN 1933 — Arch. suisses Orn. 1, 102.
MOLTONI 1940 — Atti Soc. Ital. Sci. Nat. 79, 319.
MOORE u. BOSWELL 1956 — Iraq Nat. Hist. Mus. Publ. 10, 203.
MYRBERGET 1959 — Sterna 3, 331.
NAZARENKO 1957 — Praci Odesjk. Uniw. 147, ser. biol. 8, 205.
NESTEROW 1912 — Ann. Mus. Zool. St.-Pétersb. 16, 355.
NIKOLSKIJ 1891 — Mém. Acad. Sci. St.-Pétersb. 68, Beil. 4, 115.
NORDSTRÖM 1961 — Mem. Fauna Flora Fennica 36, 93.
PETROV u. ZLATANOV 1955 — Spis. nautsch.-izsl. inst. M.-wo zem. 1, 99.
PLESKE 1891 — Ornithographia Rossica. St.-Pétersb. 2, 61.
PORTENKO 1937 — Bird Fauna North Urals. Moskwa-Leningrad. 135—136.
PORTENKO 1960 — Pticy SSSR. Moskwa-Leningrad. 4, 87.
REISER u. v. FÜHRER 1896 — Ornis Balcan. Wien. 4, 60.

Reiser 1939 Ornis Balcan. Wien. 1, 58.
Rendahl 1960 Vogelwarte 20, 228.
Rucner 1950 Larus 3, 140.
Rucner 1956 Larus 8, 46; 58.
Ruzskij 1897 Ann. Mus. Tobolsk 7, 17; 27.
Satunin 1907 Mat. ptic Kawkaz. kraja. Tiflis. 46.
Schatiloff 1860 Bull. Soc. Nat. Moscou 33/3, 498.
Schönfuss 1962 Beitr. Vogelk. 8, 167.
Seebohm 1882 Ibis (4) 6, 375.
Snigirewskij 1929 Orn. Skizze Ilmen-Reservat. Zlatoust. 3; 8; 20.
Spangenberg u. Leonowitsch 1960 Trudy Kandalak. Zapow. 2, 312.
Stachowskij 1941 Biol. zbirnik Dnipropetr. Uniw. 1, 73.
Steinbacher 1944 Ber. Ver. Schles. Orn. 29, 27.
Stresemann 1955 Orn. Beob. 52, 10.
Stresemann 1957 J. Orn. 98, 469.
Suomalainen 1952 Orn. Fenn. 29, 93.
Suschkin 1938 Birds Soviet Altai. Moskwa-Leningr. 2, 178.
Tischler 1941 Vögel Ostpreußens. Königsb.-Berlin. 1, 385.
Tschugunow 1915 Ann. Mus. Tobolsk 24, 39.
Tugarinow u. Buturlin 1911 Mat. Vögel Jenisseisch. Gouv. Krasnojarsk. 27.
Vallon 1905 Avicula 9, 20.
Vaurie 1959 Birds palearct. Fauna. Passeriformes. London. 255.
Wadley 1951 Ibis 93, 75.
Watson 1957 Sterna 2, 88.
Witherby et alii 1952 Handb. Brit. Birds. London. 2, 77.
Woltschaneckij 1928 Bull. Soc. oural. Sci. nat. 40/2, 45–46.
Woltschaneckij 1937 Proc. Zool. Inst. Kharkov Univ., ecol. 4, 72.
Woltschaneckij 1954 Pticy Sow. Sojuza. Moskwa. 6, 341.
Woroncow 1937 Proc. Zool. Inst. Kharkov Univ., ecol. 4, 115.
Zalesskij 1921 Mém. Perm. Ped. Inst. 1, 257.
Zarudnyj 1897 Mat. Fauna Flora Ross. 3, 187.

Briefliche Auskünfte erteilten: Bernis (Spanien), Grössler (Bulgarien), Stein-Spiess (fide Klemm) (Rumänien), Portenko (Sowjetunion), Kumerloeve (Kleinasien).

Sylvia borin (Boddaert)

Gartengrasmücke

Zur Verbreitung und Gliederung

Ihrer Oekologie und geographischen Variation nach zu urteilen hat sich die Gartengrasmücke in postglacialer Zeit vom mitteleuropäischen Laubwaldgebiet her nach Norden und Osten ausgebreitet. Die westsibirischen Populationen (*Sylvia borin woodwardi* Sharpe) sind im Mittel etwas langflügliger und etwas grauer als die mitteleuropäischen, ein Unterschied, der sich schon diesseits des Urals anbahnt und nach Osten zu verstärkt (Vaurie 1959). Die Zunahme der Flügellänge ist vermutlich durch die Längenzunahme der Zugstrecke bewirkt worden.

Nach Süden hin ist die Gartengrasmücke nicht so weit verbreitet wie bisher angenommen wurde. Lediglich aus der Tatsache, daß ein Männchen an einem südwärts vorgeschobenen Fundort seinen vollen Gesang hören ließ, ist mehrfach gefolgert worden, daß es dort sein Brutrevier verkünde — mit Unrecht, denn *Sylvia borin* singt zuweilen schon unterwegs auf Raststationen (Moore & Boswell 1956). Die Ermittlung der Südgrenze ist uns streckenweise nicht mit Sicherheit gelungen. Vermutlich verläuft sie, wie auf unserer Karte eingezeichnet, nördlich des Kaukasus (vgl. die Anmerkung zu den im Kaukasus und in Armenien gelegenen Punkten Nr. 83—95).

Oekologie

In Mittel- und Westeuropa bevorzugt die Gartengrasmücke schattiges hohes Gebüsch, vor allem dort, wo es von Laubbäumen durchsetzt ist, die dann als die Singwarten dienen. Ferner wählt sie zur Brutzeit vielerorts hohes Unterholz von Laubwäldern oder dessen Ränder und Lichtungen. An der nördlichen Waldgrenze bewohnt sie den subalpinen Birkenwald (so in Schwedisch-Lappland: Lundevall 1952). In Westsibirien bevorzugt sie die Birkenwaldzone, die im Süden an die Taiga angrenzt, und die Waldsteppe (Johansen 1954). Nahe der Südgrenze des mittel- und westeuropäischen Wohngebietes nistet sie nur im Gebirge oberhalb von etwa 1000 m, stellenweise (in den Alpen) bis 2000 m empor. Bernis (1955) fand sie in Zentral-Spanien auch im Unterholz des subalpinen Kiefernwaldes oberhalb 1000 m.

Nest im dichten Gebüsch, meist 0,5 bis 2 m über dem Boden.

Wanderungen

Zugvogel. Alle Populationen verbringen den Winter in Afrika. Die Brutvögel Westsibiriens durchwandern Persien und den Iraq und gelangen (vermutlich über Arabien oder die Sinai-Halbinsel) nach Ost-Afrika, wo sie in der Masse südlich des Aequators bis hinab nach Natal überwintern. Die westlichen Populationen wandern über die Sahara zur westlichen Hälfte Afrikas; dort endet das normale Wintervorkommen in Süd-Angola. Das mittlere Afrika (südwärts bis Transvaal) mag sowohl von östlichen als auch von westlichen Wanderern erreicht werden.

Ringfunde: Von Leipzig nach Nigeria (14. Februar; DROST 1956), von Ostpreußen zum Congo (Kwango-District, 10. Oktober; TISCHLER 1941), von Finnland zum Congo (Kasai-District, 12. Januar; NORDSTRÖM 1961), von der Tschechoslowakei nach Kamerun (17. November; KADLEC 1959).

Skandinavische Grasmücken ziehen teils über Ober-Italien, teils über die Iberische Halbinsel nach Afrika (Ringfund-Karte: RENDAHL 1960).

Abzug aus dem Brutgebiet vereinzelt schon Ende Juli, meist im August und bis Mitte September. Kamerun und Ost-Afrika werden frühestens Ende September, meist erst im Oktober erreicht. Im Winterquartier bevorzugt *Sylvia borin* die Buschsteppe, den höheren dichten Buschwald oder lichte Waldungen. Dort erst (zwischen Dezember und März), und nicht schon vor dem Herbstzug, erneuert sie die Schwungfedern. Im November und Dezember hörte HEINRICH (1958) von ihr „ein kontinuierliches gedämpftes Plaudergezwitscher". Viele verbleiben im Winterquartier bis Ende April (CHAPIN 1953).

Ankunft in Mitteleuropa meist gegen Mitte Mai (Vorläufer schon Anfang Mai), bei Tomsk (nach JOHANSEN 1954) gegen Ende Mai, weiter nördlich in der 1. Juni-Hälfte. Auf Raststationen erscheinen verspätet Durchzügler noch Ende Mai, z. B. in Nordwest-Afrika (HEIM DE BALSAC & MAYAUD 1962).

Sylvia rüppelli Temminck

bearbeitet von

E. v. VIETINGHOFF-SCHEEL

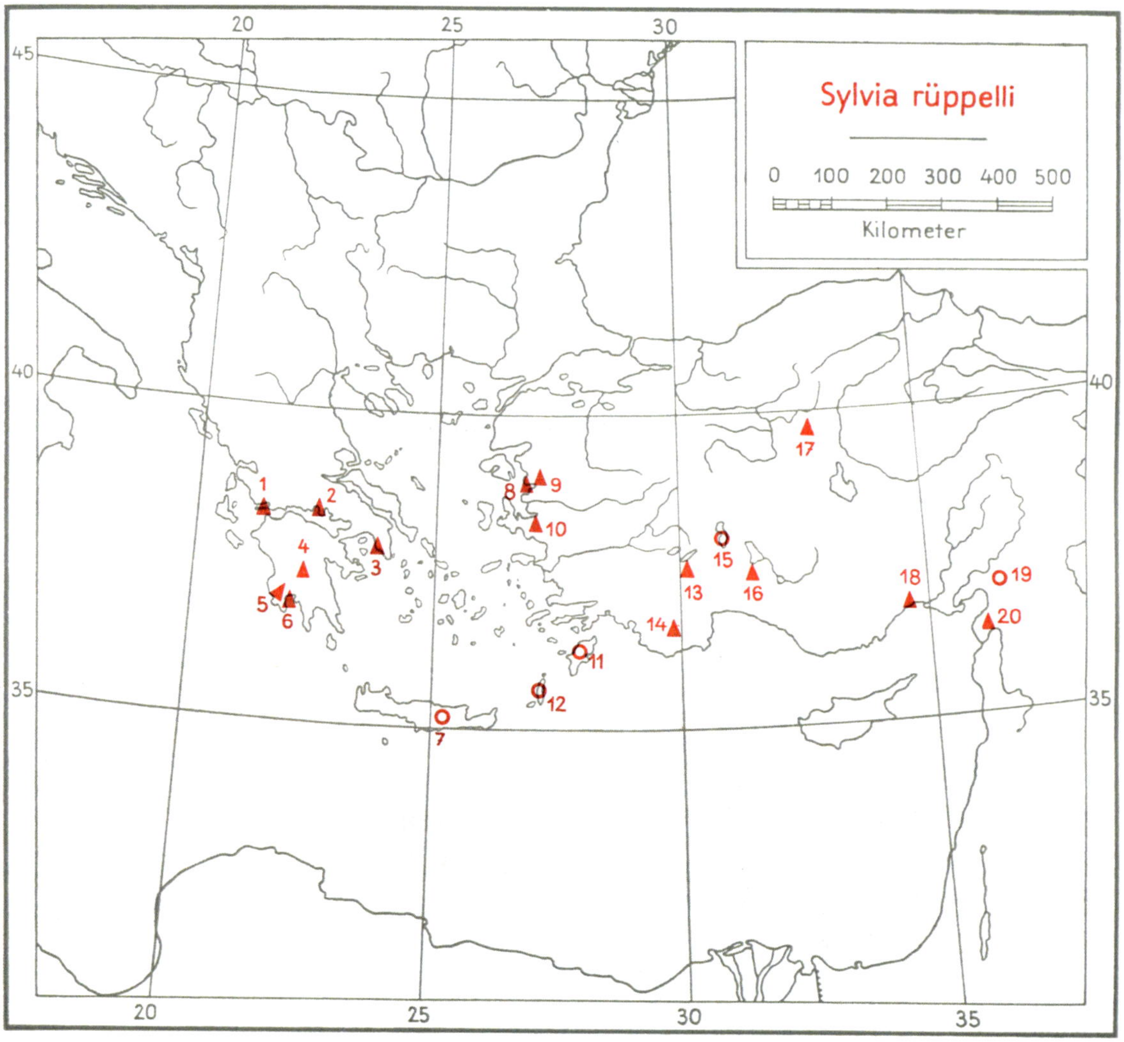

FUNDORTLISTE

1.	Varassovo	Ns	Reiser 1905
–	See v. Agrinion	A	Flach 1956
2.	Delphi	Js	Flach 1955
3.	Hymettos	Ns	Reiser 1905
–	Chasia	N	Reiser 1905
4.	Tripolis	As	Reiser 1905
5.	Berg Ithome	Jc	Reiser 1905
6.	Kalamata	Js	Reiser 1905
7.	Kreta	Nc	Meiklejohn 1934
8.	Dikili	A	Kumerloeve 1962
9.	Bergama	A	Kumerloeve 1962
10.	Smyrna	NJc	Krüper 1875
11.	Rhodos	As	v. Wettstein 1938
12.	Karpathos	Js	v. Wettstein 1938
13.	Burdur Gölü	A	Kumerloeve 1962
14.	Elmali	As	v. Jordans u. Steinbacher 1948
15.	Egridir Gölü	A	Kumerloeve 1962
16.	Beyşehir Gölü	A	Kumerloeve 1962
17.	Ankara	B	Wadley 1951
18.	Anascha	Aa	Danford 1878
–	S Kilikische Pforte	A	Kumerloeve brfl. 1960
19.	Gebiet zw. Haruniye, Osmaniye, Fevzipaza	AJc	Kumerloeve 1962
20.	Belen-Paß (Amanus) ↓	B	Kumerloeve 1962

Anmerkung

Zu P. 20:

Bannerman (1958) hält gelegentliches Nisten auf Cypern für wahrscheinlich, doch vermögen weder er noch die Berichte der Cyprus Ornithological Society einen dies stützenden Fund beizubringen.

LITERATUR

BANNERMAN 1958 — Birds Cyprus. Edinburgh-London. 105.
DANFORD 1878 — Ibis (4) 2, 18.
FLACH 1955 — Fauna och Flora 50, 242.
FLACH 1956 — Fauna och Flora 51, 130.
FRIEDMANN 1962 — Contrib. Sci. Los Angeles County Mus. 59, 18.
HEIM DE BALSAC u. MAYAUD 1962 — Oiseaux Nord-Ouest Afrique. Paris. 324.
v. JORDANS u. STEINBACHER 1948 — Senckenbergiana 28, 174.
KRÜPER 1861 — J. Orn. 9, 279.
KRÜPER 1875 — J. Orn. 23, 262.
KUMERLOEVE 1962 — Bonn. Zool. Beitr. 12 (Sonderh.), 112.
MEIKLEJOHN 1934 — Ibis (13) 4, 301.
MEIKLEJOHN 1935 — Ibis (13) 5, 433.
MEINERTZHAGEN 1954 — Birds Arabia. Edinburgh-London. 213.
MOREAU 1961 — Ibis 103a, 591.
REISER 1905 — Ornis Balcan. Wien. 3, 153.
STRESEMANN 1943 — J. Orn. 91, 487.
VAURIE 1959 — Birds palearct. Fauna. Passeriformes. London. 264.
WADLEY 1951 — Ibis 93, 75.
v. WETTSTEIN 1938 — J. Orn. 86, 21.

Briefliche Auskunft erteilte: KUMERLOEVE (Kleinasien)

Sylvia rüppelli Temminck

Maskengrasmücke

Zur Verbreitung

Das Verbreitungsgebiet dieser Grasmücke ist kleiner als angenommen wurde. VAURIE (1959) rechnete auch den ,,Nahen Osten" (also Syrien, Libanon, Israel) zum Brutareal; dort zeigt sich dieser Vogel aber nur auf dem Durchzug.

Oekologie

Zur Brutzeit bewohnt *Sylvia rüppelli* niederes Gestrüpp an felsigen Abhängen, auf Geröllhalden oder in Felsschluchten. Alle Nester, die MEIKLEJOHN (1935) im Innern von Kreta fand, standen in blühenden Büschen des stachligen Ginsters *Calycotome villosa*, weniger als 1 m vom Boden entfernt. Die ersten Gelege sind bei Smyrna und auf Kreta gegen Mitte April vollzählig.

Wanderungen

Zugvogel. Verbringt die Monate November bis Februar oder März im südlichen Sudan, westwärts bis Darfur und (nach HEIM DE BALSAC & MAYAUD 1962 und FRIEDMANN 1962) Tibesti und den Ennedi. Ferner überwintert er am Roten Meer und vermutlich auch in Nordwest-Arabien.

Der Zug verläuft im Herbst teils über Cypern, Palästina und Aegypten, teils von Griechenland aus südwärts über die Cyrenaica und durch die libysche Wüste. Auf der östlichen Strecke erscheint diese Grasmücke im Herbst in viel geringerer Zahl als im Frühjahr (STRESEMANN 1943, MOREAU 1961).

Abzug wahrscheinlich meist im September, Ankunft an den Brutplätzen vom letzten Drittel des März an. Nach MEINERTZHAGEN (1954) währt der Durchzug im Herbst von Ende August bis Ende September, im Frühjahr von Anfang März bis Ende April.

Sylvia melanocephala (Gmelin)

und

Sylvia melanothorax Tristram

bearbeitet von

E. v. VIETINGHOFF-SCHEEL

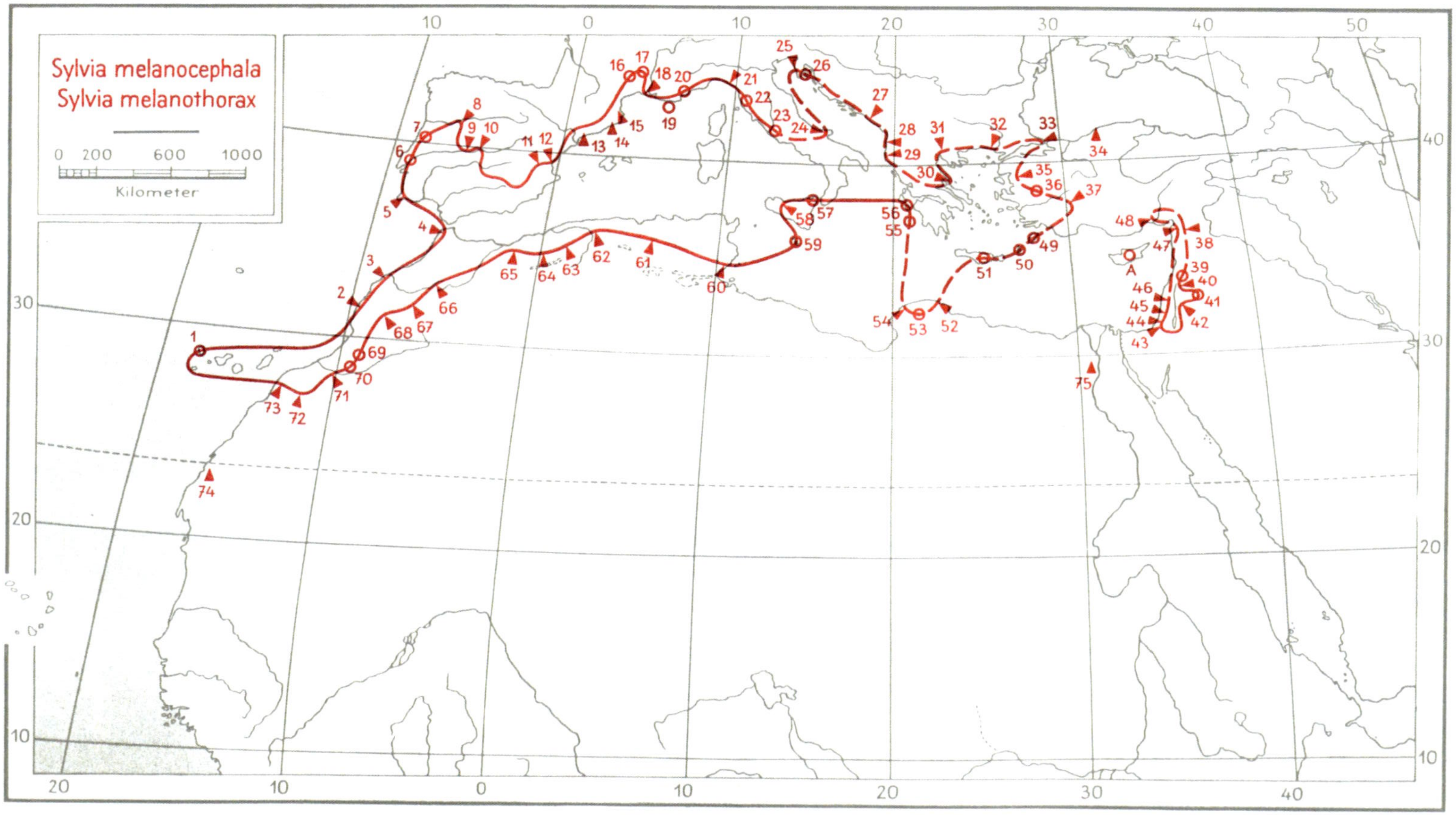
Sylvia melanocephala
Sylvia melanothorax
0 200 600 1000
Kilometer

FUNDORTLISTE

Nr.	Fundort		Quelle
1.	Kanarische Inseln	As	VOLSØE 1951
2.	Mogador	Bc	HARTERT u. JOURDAIN 1923
3.	Mazagan	Bc	HARTERT u. JOURDAIN 1923
4.	Tanger	Bc	HARTERT u. JOURDAIN 1923
5.	Lagos	NJs	REY 1872
6.	Tajo-Tal	Ac	TAIT 1924
7.	Mondego-Tal	Ac	TAIT 1924
8.	Fermoselle (4. IX.)	A	BERNIS brfl. 1961
9.	Valdeverdeja	A	BERNIS brfl. 1961
10.	Talavera ↓	A	BERNIS brfl. 1961
11.	Cortes de Pallás (Anf. IV.)	A	BERNIS brfl. 1961
12.	Dehesa (Albufera)	Ac	DEETJEN 1955
13.	Tarragona	A	GÉROUDET 1955
14.	Tossa de Mar	A	GÉROUDET 1955
15.	Banyuls-sur-Mer	Ac	MAYAUD 1933
16.	Lozère	Bc	HUGUES 1937
17.	Ardèche	A	RIVOIRE u. LÉVÊQUE 1957
18.	Miramas (Rhône-Mündung; III.)	As	TROUCHE 1948
19.	Iles d'Hyères	B	LÉVÊQUE 1957
20.	Riviera	N	INGRAM 1926
21.	SE La Spezia	A	TRETTAU 1958
22.	Maremme (Pisa)	N	SAVI 1827
23.	Latium	Bc	ALEXANDER 1927
24.	Monte Gargano ↓	J	MOLTONI 1935
25.	Rovinj	B	RUCNER 1960
26.	Cres	B	RUCNER 1960
27.	Castelnuovo	Ns	KOLLIBAY 1904
28.	Durazzo (= Durrës)	A	TICEHURST u. WHISTLER 1932
29.	Valona	A	TICEHURST u. WHISTLER 1932
30.	Lechonia	As	BANZHAF 1937
31.	Metallikon (17. IV.)	A	MAKATSCH 1950
32.	Makri	A	HARRISON u. PATEFF 1937
33.	Bebek ↓	A	MATHEY-DUPRAZ 1921
34.	Çatalağzı	Ac	OGILVIE 1954
35.	Bergama	A	KUMERLOEVE 1962
–	Dikili	A	KUMERLOEVE 1962
36.	Demirköprü Baraji	As	KUMERLOEVE brfl. 1962
37.	Burdur-Gölü	As	KUMERLOEVE brfl. 1962
38.	Aleppo (= Haleb)	Nc	CLARKE 1924
39.	Anti-Libanon	Bc	MEINERTZHAGEN 1935
40.	Rachaya (= Rascheja)	A	HOLLOM 1959
41.	Dj. Druze	Bc	MEINERTZHAGEN 1935
42.	Ajlun (= Adjlun)	A	HOLLOM 1959
43.	Rafa	As	MEINERTZHAGEN 1920
44.	Gaza	As	MEINERTZHAGEN 1920
45.	Jaffa	Bc	SLADEN 1919
46.	Mount Carmel	B	MEINERTZHAGEN 1920
47.	Antiochia-See	Nc	MEINERTZHAGEN 1935
48.	Mersin ↓	As	HOLLOM 1955
49.	Rodi (= Rhodos)	Ac	SASSI 1937
50.	Scarpanto (= Karpathos)	A	SASSI 1937
51.	Kreta	N	LYNES 1912
52.	Ras el Hilal	Ac	STANFORD 1954
53.	Gebel el Achdar	Bc	STANFROD 1954
54.	Driana (N Benghasi)	Bc	HARTERT 1923
55.	Strophaden	B	REISER 1905
56.	Zante	Ac	REISER 1905
57.	Peloritanische Berge	Ac	KRAMPITZ 1956
58.	Ficuzza	Ac	KRAMPITZ 1956
59.	Malta	B	DESPOTT 1917
60.	zw. Maharès u. Achichina	Ba	BANNERMAN 1927
61.	Lambèse (Ende IV.)	As	JOURDAIN 1915
62.	Boghari	Ac	HEIM DE BALSAC u. MAYAUD 1962
63.	Harmela	Nc	MAKATSCH 1957
64.	Saïda	Aa	ROTHSCHILD u. HARTERT 1914
65.	Tlemcen	Aa	ROTHSCHILD u. HARTERT 1914
–	Lalla Marnia	Aa	ROTHSCHILD u. HARTERT 1914
66.	Khénifra	Ac	HEIM DE BALSAC u. MAYAUD 1962
67.	Ait Attab (Azilal)	J	LYNES 1933
68.	Oukaïmeden	A	BROSSET 1957
69.	Westausläufer d. Anti-Atlas	Bc	HEIM DE BALSAC 1954
70.	Westabhänge d. Bani	A	HEIM DE BALSAC 1954
71.	Dj. Guir	A	HEIM DE BALSAC 1954
72.	Smara	As	VALVERDE 1957
73.	El Aium	Ac	VALVERDE 1957
74.	Imililik	Aa	VALVERDE 1957
75.	Birket Querun (El Faiyum; II.)	N	MEINERTZHAGEN 1930

Anmerkungen

Zu P. 10:

Für den Verlauf der Grenze in Spanien folgten wir BERNIS (brfl. 1961).

Zu P. 24:

Die wenigen Punkte im nordadriatischen Raum erlauben noch keine fundierte Umgrenzung; der hier unternommene Versuch schien uns die größte Wahrscheinlichkeit für sich zu haben.

Zu P. 33:

Bruten in Südostbulgarien erscheinen möglich, doch ist der Fund am Rhopotamos (As; v. JORDANS 1940) bisher der einzige geblieben.

Zu P. 48:

Die Funde in Anatolien sind noch zu sporadisch, um verallgemeinernde Schlüsse auf das Verbreitungsbild zuzulassen; vgl. auch KUMERLOEVE (1962). Die Grenzziehung hat stark hypothetischen Charakter und läßt ein Vorkommen nahe Ankara (As; WADLEY 1951) unberücksichtigt.

FUNDORTLISTE

für ***Sylvia melanothorax***

	Fundort		Quelle
A	Cypern	B	BANNERMAN 1958

LITERATUR

ALEXANDER 1927 Ibis (12) 3, 673.
BANNERMAN 1927 Ibis (12) 3 (Sonderh.), 130.
BANNERMAN 1958 Birds Cyprus. Edinburgh-London. 107.
BANZHAFF 1937 Verh. Orn. Ges. Bayern 21, 130.
BEZZEL 1957 Anz. Orn. Ges. Bayern 4, 679.
BROSSET 1957 Alauda 25, 50.
CASATI 1962 Riv. Ital. Orn. 32, 23.
CLARKE 1924 Ibis (11) 6, 105.
DEETJEN 1955 Ardeola 2, 18.
DESPOTT 1917 Ibis (10) 5, 335.
EISENTRAUT 1932 Vogelzug 3, 159.
GÉROUDET 1955 Ardeola 2, 44.
HARRISON u. PATEFF 1937 Ibis (14) 1, 609.
HARTERT 1923 Novit. Zool. 30, 19.
HARTERT 1925 J. Orn. 73, 288.
HARTERT u. JOURDAIN 1923 Novit. Zool. 30, 107.
HEIM DE BALSAC 1954 Alauda 22, 165.
HEIM DE BALSAC u. MAYAUD 1962 Oiseaux Nord-Ouest Afrique. Paris. 324.
HOLLOM 1955 Ibis 97, 14.
HOLLOM 1959 Ibis 101, 199.
HUGUES 1937 Alauda 9, 196.
INGRAM 1926 Birds Riviera. High-Holborn. 47.
v. JORDANS 1940 Mitt. Naturwiss. Inst. Sofia 13, 108.
JOURDAIN 1915 Ibis (10) 3, 146.
KOLLIBAY 1904 J. Orn. 52, 118.
KRAMPITZ 1956 J. Orn. 97, 322.
KRÜPER 1869 J. Orn. 17, 37.
KUMERLOEVE 1962 Bonn. Zool. Beitr. 12 (Sonderh.), 113.
LÉVÊQUE 1957 Alauda 25, 185.
LYNES 1912 Ibis (9) 6, 157.
LYNES 1933 Mém. Soc. Sci. Nat. Maroc 36, 43.
MAKATSCH 1950 Vogelw. Mazedon. Leipzig. 187.
MAKATSCH 1957 Vogelwelt 78, 28.
MARCHANT 1963 Ibis 105, 544.
MATHEY-DUPRAZ 1921 Orn. Beob. 19, 25.
MAYAUD 1933 Alauda 5, 477.
MEINERTZHAGEN 1920 Ibis (11) 2, 220.
MEINERTZHAGEN 1930 Nicoll's Birds Egypt. London. 1, 225.
MEINERTZHAGEN 1935 Ibis (13) 5, 133.
MOLTONI 1935 Riv. Ital. Orn. 5, 260.
MOORE u. BOSWELL 1956 Iraq Nat. Hist. Mus. Publ. 10, 204.
MOREAU 1928 Ibis (12) 4, 240.
OGILVIE 1954 Ibis 96, 88.
REISER 1905 Ornis Balcan. Wien. 3, 147.
REY 1872 J. Orn. 20, 149; 152.
RIVOIRE u. LÉVÊQUE 1957 Alauda 25, 212.
ROTHSCHILD u. HARTERT 1914 Novit. Zool. 21, 197.
RUCNER 1960 J. Orn. 101, 314.
SASSI 1937 Verh. Orn. Ges. Bayern 21, 108.
SAVI 1827 Ornitologia Toscana. Pisa. 1, 267.
SLADEN 1919 Ibis (11) 1, 232.
STANFORD 1954 Ibis 96, 614.
STEINFATT 1954 J. Orn. 95, 279.
STUBBS 1947 Brit. Birds 40, 335.
TAIT 1924 Birds Portugal. High Holborn. 85.
TICEHURST 1926 J. Bombay Nat. Hist. Soc. 31, 101.
TICEHURST et alii 1922 J. Bombay Nat. Hist. Soc. 28, 393.
TICEHURST u. WHISTLER 1932 Ibis (13) 2, 64.
TRETTAU 1958 Vogelwelt 79, 47.
TROUCHE 1948 Alauda 16, 148.
VALVERDE 1957 Aves Sahara Españiol. Madrid. 270.
VAURIE 1954 Amer. Mus. Novit. 1692, 11.
VOLSØE 1951 Vidensk. Medd. Dansk. nat. hist. Foren. 113, 97.
WADLEY 1951 Ibis 93, 75.

Briefliche Auskünfte erteilten: BERNIS (Spanien), KUMERLOEVE (Kleinasien).

Sylvia melanocephala (Gmelin)

Samtkopf-Grasmücke

Verwandtschaft

Nahe verwandt mit *Sylvia melanocephala* ist *Sylvia mystacea*. Sie ähneln einander beträchtlich in der Färbung des Gefieders. Die rosige Tönung der Unterseite, die bei frisch vermauserten Männchen von *S. mystacea* sehr auffällt, verblaßt bei längerer Tragdauer des Gefieders. Bei beiden Arten ist das Auge von einem roten Hautstreifen umringt. Man kann sie zusammen mit *Sylvia melanothorax* in einer Untergattung, *Pyrophthalma*, vereinigen.

Neuere Autoren haben *Sylvia mystacea* zum Rang einer Subspecies von *Sylvia melanocephala* herabdrücken wollen und sich dabei auf die angebliche geographische Vikarianz und auf angebliche morphologische Zwischenstufen berufen (zuletzt Marchant 1963). Keines der beiden Argumente hält der Prüfung stand. In Palästina ist *S. melanocephala* ein verbreiteter Brutvogel; aber auch *S. mystacea* ist dort am Nest gesammelt worden (Hartert 1925; Vaurie 1954). Marchant glaubt, unter den ihm aus dem Iraq vorliegenden Bälgen Individuen von intermediärem Typ gefunden zu haben, hat aber nur die Färbung des Gefieders betrachtet und zwei wesentliche diagnostische Merkmale, nämlich die Stufung der Handschwingen und die relative Schwanzlänge (Vaurie 1954) außer Acht gelassen. Da auch manche andere Autoren bei der Bestimmung von Vögeln aus der *Pyrophthalma*-Gruppe nicht mit der nötigen Sorgfalt vorgegangen sind oder gar nur nach „Sichtbeobachtungen" urteilen, führt die unkritische Benutzung der Literatur in die Irre. *S. mystacea* ist sogar für *S. cantillans albistriata* gehalten worden! (Vgl. auch Ticehurst 1922).

Bei *S. melanocephala* bleiben die allermeisten Individuen im Winter in oder nahe bei ihrem Brutgebiet, wogegen alle Individuen von *S. mystacea* die kalte Jahreszeit in wärmeren, weit entfernten Gegenden verbringen. Dieser Unterschied des ererbten Verhaltens hat sich auf die „Flügelformel" ausgewirkt.

Bei *S. melanocephala* ist die 10. Handschwinge 2 bis 6 mm länger als ihre große Deckfeder; die Spitze der 9. steht zwischen derjenigen der 4. und 3., oder alle drei sind etwa gleichlang. Die 8., 7. und 6. sind gleichlang.

Bei *S. mystacea* ist die 10. Handschwinge etwa 2 mm länger als ihre große Deckfeder; die 9. steht zwischen der 5. und 4. oder ist so lang wie diese beiden; die 8. und 7. sind gleichlang und länger als die 6.

Bei dem Zugvogel *S. mystacea* haben sich also die drei für den Vortrieb wichtigsten Handschwingen, die 9., 8. und 7., gestreckt (vgl. dazu auch Vaurie 1954).

Gliederung

In der Färbung unterscheidet sich deutlich von allen anderen Subspecies *S. m. norrisae* Nicoll, beschränkt auf den Saum des Sees Birket-Karun und seine Inselchen (Fayum). Sie hat einen bräunlichen (nicht dunkel aschgrauen) Rücken und in frischem Gefieder eine rosig angehauchte (nicht weiße) Unterseite.

Aus dem verbleibenden Komplex der graurückigen Subspecies hebt sich nur *S. m. momus* (Hemprich & Ehrenberg) durch hellere Tönung und gelbbraune (nicht rotbraune) Iris ziemlich deutlich heraus. Auch sie hat ein isoliertes Areal: Syrien, Libanon, Palästina. Genaue Angaben über die geographische Variation dieser Species bei Vaurie 1954.

Oekologie

Sylvia melanocephala bewohnt die Macchie mediterraner Prägung, der sie von der Küstenebene aus mancherorts bis hoch ins Gebirge oder (wie in Spanien und Nordwest-Afrika) in den breiten Flußtälern bis tief ins Innere des Landes folgt.

In Spanien bevorzugt sie die Cistus-Macchie. In Sardinien fand sie Bezzel (1957) in offenem Gelände mit Ginster, *Erica arborea* und *Cistus* noch in 1200 m Höhe. In Nordwest-Afrika begleitet sie die *Quercus-coccifera*-Macchie an einigen Stellen bis 1500 m. An der atlantischen Küste von Marokko gibt sie sich südlich des Oued-ed-Drá mit einer Vegetation zufrieden, die hauptsächlich besteht aus *Tamarix* und *Limoniastrum*, untermischt mit cactusartigen Euphorbien (Heim de Balsac & Mayaud 1962). Im Fayum haust und nistet die isolierte Subspecies *norrisae* in zwergigen Tamarisken.

Nest in Büschen.

Wanderungen

In der kalten Jahreszeit bleiben selbst in Südfrankreich viele Samtkopf-Grasmücken an oder nahe den Brutplätzen, manche nehmen wohl einen vertikalen Ortswechsel vor. Italienische Brutvögel mögen aber zum Teil in größere Entfernungen wandern (bis nach Nord-Afrika ?), denn Casati (1962) hat auf der kleinen, 27 km südlich des Cap Circeo gelegenen Insel Zannone im Frühjahr (Mitte März bis Mai) einen sehr lebhaften, im Herbst einen schwachen Durchzug dieser Species bemerkt. Eisentraut (1932) sah auf dem weit vor der Küste des Golfs von Valencia gelegenen Inselchen Columbrete grande am 23. März durchziehende Samtkopf-Grasmücken. Aus Nordwest-Kleinasien hat man nur eine Nachricht von Ogilvie (1954). Diese Grasmücke fehlt in Çatalağzı (P. 34) im Winter und erscheint am Brutplatz erst in der zweiten Hälfte des März oder im April. Umgekehrt ist es bei Smyrna. Dort traf Krüper (1869) die Samtkopf-Grasmücke „im Winter überall an, jedoch bei Eintritt des Frühlings verschwanden alle nach und nach". Vermutlich waren es Wintergäste aus Nord-Kleinasien oder von den aegaeischen Inseln. Aus diesem Brutgebiet mögen auch die Exemplare stammen, die nach Ticehurst

(1926) im Januar nicht selten im Iraq bei Mosul auftreten, und die von Moore & Boswell (1956) im Iraq gesehenen Durchzügler. Nach Moreau (1928) ist *Sylvia m. melanocephala* bei Cairo den ganzen Winter über häufig (die letzten sah er am 5. März); sind sie dorthin von der Cyrenaica oder gar von Griechenland gewandert? Steinfatt (1954) hat nämlich in Attika den Eindruck gewonnen, daß ein Teil der dortigen Population ihre Brutheimat im Winter verläßt.

Deutlich bemerkbar macht sich der Zugtrieb eines Teiles der Populationen vor allem in Nordwest-Afrika. Nach Heim de Balsac & Mayaud (1962) sind die Samtkopf-Grasmücken dort in der Mehrzahl seßhaft. Manche Individuen aber wandern nach Süden bis zu den nördlichsten Oasen, Süd-Tunesien und in den Fezzan, ja sogar bis in die Gebirge der mittleren Sahara (Tassili n'Ajjer-el-Ghet, Hoggar usw.) und durch die West-Sahara bis an die Grenze von Sénégal. Die genannten Autoren vermuten, daß diese extrem weit wandernden Individuen europäischer Herkunft sind.

Die Kanarischen Inseln sind aller Wahrscheinlichkeit nach erst im Quartär von Nordwest-Afrika oder Spanien her durch *Sylvia melanocephala* besiedelt worden, und zwar übers Meer hinweg, also durch verirrte Wanderer.

Sylvia melanothorax Tristram

Cyperngrasmücke

Ein Angehöriger der *Pyrophthalma*-Gruppe, also nächstverwandt mit *S. melanocephala* und *S. mystacea*. Standvogel auf Cypern. Ausführliches über die Oekologie, die derjenigen der beiden anderen Arten entspricht, bei Bannerman 1958.

Sylvia mystacea Ménétries

bearbeitet von

G. MAUERSBERGER und L. A. PORTENKO

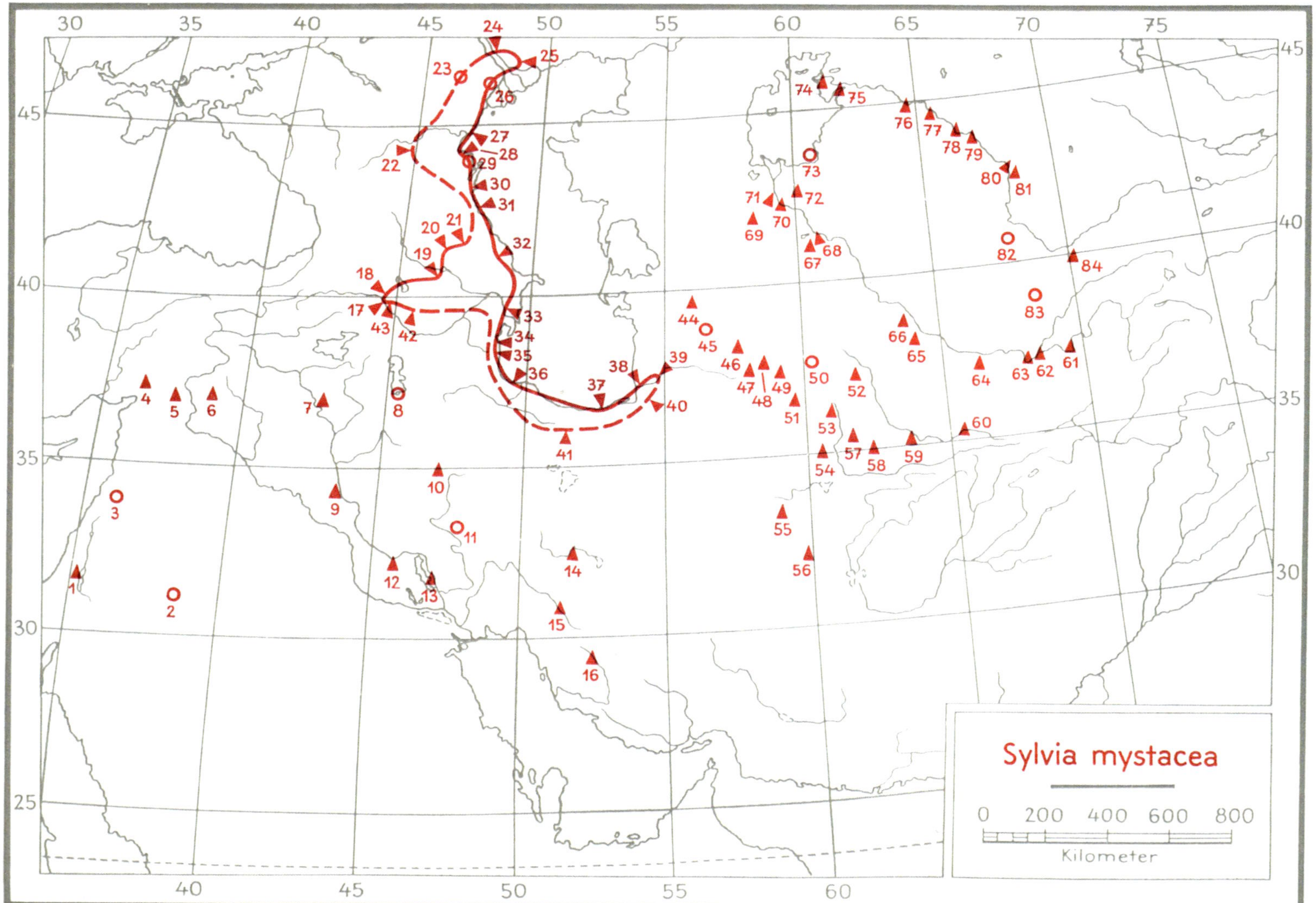
Sylvia mystacea
0 200 400 600 800
Kilometer

FUNDORTLISTE

Nr.	Fundort		Quelle
1.	Aïn-Kaniel (NNW Jerusalem)	Ns	Hartert 1925
2.	„Wadi Sirhan" (s. n. *S. cantillans albistriata*) ↓	Bc	Aharoni 1932
3.	Antilibanon (s. n. *S. cantillans albistriata*)	Bc	Aharoni 1932
4.	Haruniye	As	Kumerloeve 1962
5.	Gaziantep	Bc	Bird 1937
6.	Urfa	Ac	Weigold 1912
7.	Zakho	As	Moore u. Boswell 1956
8.	S Urmia-See	A	Witherby 1907
9.	Tekrit	N	Ticehurst 1922
10.	Takht-i-Suleiman	A	Witherby 1907
11.	Luristan	N	Zarudnyj (Sarudny) 1904
12.	Kut	As	Moore u. Boswell 1956
13.	Amara	A	Ticehurst 1922
14.	Isfahan (s. n. *S. rubescens* Blanf.)	J	Blanford 1876
15.	Dorah ↓	Ns	Witherby 1903
16.	Shiraz (s. n. *S. rubescens* Blanf.)	AJ Na	Blanford 1876 Witherby 1903
17.	Aralych (Anf. VIII.)	AJa	Suschkin 1914
18.	Uluchanlu (=Zangibasar)	A	Laister u. Sosnin 1942
19.	Alabaschly (NNW Kirowabad)	A	Satunin 1907a
20.	Kum (Zakataly)	A	Coll. Zoll. Inst. Leningrad (Portenko brfl. 1961)
21.	Kala	As	Krasowskij 1932
22.	Atschikulak	Jc	Boehme u. Uschatinskaja 1932
23.	Wüste Udta (150 km W Astrachan)	A	Orlow 1928
24.	Dosang	A	Worobjow 1936
25.	70 km NE Astrachan	As	Worobjow (= Worobiew) 1929
26.	Wüste Adryk	A	Orlow 1928
27.	Birjuzjak	A	Boehme u. Uschatinskaja 1932
28.	Tuschilowka	A	Boehme u. Uschatinskaja 1932
–	Bolschaja Areschewka	As	Boehme 1925
29.	Terek-Delta	Bc	Woltschaneckij 1959
30.	Iki-Terek-Seen (25 km N Machatschkala)	A	Boehme u. Uschatinskaja 1932
31.	Manas (18 km S Machatschkala)	A	Boehme u. Uschatinskaja 1932
32.	Fluß Tschagadshik-tschaj (Gebiet v. Kuba)	A	Satunin 1907a
33.	Saljany	Bc	Satunin 1907b
34.	Lenkoran	As	Radde 1884
35.	Astara	Ac	Satunin 1907a
36.	Enzeli	B	Buxton 1921
37.	Meshed-i-Ser	Ac	Stresemann 1928
38.	Tschelajuk (Gassan-Kuli; 23. IV.)	A	Dementjew et alii 1955
39.	Kyzyl-Atrek	Ac	Dementjew 1945
40.	Gorgan (= Astrabad)	J	Dementjew 1948
41.	Teheran (Mitte IV.)	As	Passburg 1959
42.	Tschajkend (Azizbekow)	J	Laister u. Sosnin 1942
43.	Dawalu	A	Laister u. Sosnin 1942
–	Arazdajan	N	Laister u. Sosnin 1942

Nr.	Fundort		Quelle
44.	Topjatan-See (W Uzboj; 13. IV.)	A	Dementjew et alii 1955
45.	Kopet-Dagh, begrenzt v. Bami, Chodshakala, Kysyl-Arwad ↓	B	Dementjew et alii 1955; Zarudnyj 1896; Coll. Zool. Inst. Leningrad (Portenko brfl. 1961)
46.	Artschman	Ac	Zarudnyj 1896
47.	Firjuza	Ac	Zarudnyj 1896
48.	Keschi (Aschchabad)	A	Coll. Zool. Inst. Leningrad (Portenko brfl. 1961)
49.	Babadurmaz	A	Coll. Zool. Inst. Leningrad (Portenko brfl. 1961)
50.	Fluß Tedshen ↓	Ac	Zarudnyj 1896
51.	Fluß Marisch	B	Zarudnyj 1900
52.	Merw (= Mary) ↓	Ja	Zarudnyj 1896
53.	Serachs (V.)	A	Coll. Zool. Mus. Berlin
54.	E Turbet-Scheich-i-Dsham (18. IV.)	As	Zarudnyj 1903
55.	Kain	AJc	Zarudnyj 1900
56.	Mahmudabad (30. VII.)	A	Coll. Amer. Mus. Nat. Hist. (Vaurie brfl. 1960)
57.	Gjazj-Gjadyk	A	Heptner 1956
58.	Kuschka	A	Heptner 1956
59.	Kila Wali (Murghab; 22. IV.)	A	Scully 1887
60.	Jalaiar (Maimanah)	A	Scully 1887
61.	Parchar	Ac	Ivanov 1940
62.	Dshilikul	AJ	Ivanov 1940
–	Nishnij Pjandsh	J	Zarudnyj 1926
63.	Mikojanabad	A	Ivanov 1940
64.	Kelif	A	Zarudnyj 1891
65.	Bij-Kala (70 km oberh. Tschardshou)	Ac	Zarudnyj 1891
66.	Tschardshou ↓	A	Zarudnyj 1891
67.	Chiwa	A	Bogdanow 1882
68.	Petro-Alexandrowsk (7. IV.)	A	Pleske 1891
69.	Alijan-Metschetj	As	Rustamow 1955
70.	Nukus	J	Pleske 1891
71.	S Ajbugir	A	Moltschanow 1913
72.	Kara-Uzjak	Ac	Schaposchnikow u. Wereschtschagin 1931
73.	Inseln im SE Aral-See	BJa	Zarudnyj 1916
74.	Bugunj (10. VIII.)	Js	Zarudnyj 1916
75.	Kazalinsk	A	Zarudnyj 1916
76.	Dshalagasch ↓	Ac	Spangenberg 1941
77.	Kzyl-Orda	Ac	Spangenberg 1941
78.	Baigakum	Nc	Spangenberg 1941
–	Tschijli	Ac	Spangenberg 1941
79.	Tjumenj-Aryk	Ac	Spangenberg 1941
80.	Turkestan	Ac	Spangenberg 1941
81.	Timur ↓	Ac	Spangenberg 1941
82.	Steppengebiet zwischen Syr-Darja, Zerawschan u. der Wüste Kyzylkum	B	Sewercow 1873
83.	Vorberge des Gissar-Gebirges	A A	Ivanov 1940; Coll. Zool. Inst. Leningrad (Portenko brfl. 1961)
84.	Melnikowo	Bs	Ivanov 1940

Anmerkungen

Zu P. 2:

S. Anm. zu P. 54 bei *S. conspicillata.*

Zu P. 15:

Witherby fand sie in den Buschtälern des ganzen von ihm besuchten Gebietes „fairly common".

Zu P. 45:

S. Anm. zu P. 76.

Zu P. 50:

S. Anm. zu P. 52.

Zu P. 52:

Um Murgab wie am Tedshen (P. 50 bis Serachs = P. 53) ist *mystacea* nicht nur im Flußtal, sondern auch in den eng benachbarten Halbwüstenstreifen von Zarudnyj (1896) zahlreich angetroffen worden.

Zu P. 66:

Am Amu-Darja ist die Verbreitung weniger gleichmäßig als am unteren Syr-Darja: zwischen Kelif (P. 64) und diesem Punkt traf sie Zarudnyj (1891) an vielen Stellen an; bis zum Unterlauf (ab P. 68) fehlen Nachweise.

Zu P. 76:

Zwischen diesem und dem nächsten Punkt (77) ist die Rosengrasmücke sehr häufig. – Überhaupt ist die Vorkommensdichte an den großen Flußläufen Mittelasiens (Syr-darja, Amu-darja, Tedshen, Murgab) wie auch im nördlichen Vorland des Kopet-Dagh meist bedeutender als die Karte ausdrückt, auf der nur einzelne ausgewählte Punkte verzeichnet sind. Eine Grenzziehung wäre gerechtfertigt, wurde aber aus technischen Erwägungen unterlassen, da der besiedelte Streifen schmaler ist als er sich darstellen läßt.
Vgl. die Anm. zu den Punkten 52 und 66.

Zu P. 81:

Bei einem ♂ vom August aus Ur-Maral im Talassker Alatau (Coll. Univ. Taschkent, Meklenburcew brfl. 1961) handelt es sich wohl nur um einen Vogel, der vom Zugweg abgewichen ist.

LITERATUR

Aharoni 1932 J. Orn. 80, 420.
Bird 1937 Ibis (14) 1, 76.
Blanford 1876 Eastern Persia. London. 2, 177.
Boehme 1925 Orn. Exc. Kizlar, Dagestan. Wladikawkaz. 14–15.
Boehme u. Uschatinskaja 1932 Nachr. 2. nordkaukas. päd. Inst. 9, 172.
Bogdanow 1882 Otsch. prirody chiw. oazisa. Taschkent. 83.
Buxton 1921 J. Bombay Nat. Hist. Soc. 27, 865.
Dementjew 1945 Zap. Mosk. Uniw. 83, 88.
Dementjew 1948 Trudy bjuro kolcew. 7, 186.
Dementjew et alii 1955 Zap. Mosk. Uniw. 171, 156.
Hartert 1925 J. Orn. 73, 288.
Heptner 1956 Fauna Vertebr. Badghyz. Aschchabad. 85.
Ivanov 1940 Oiseaux Tadjikistan. Moscou-Leningrad. 229.
Krasowskij 1932 Nachr. 2. nordkaukas. päd. Inst. 9, 205.
Kumerloeve 1962 Bonn. Zool. Beitr. 12 (Sonderh.), 114.
Laister u. Sosnin 1942 Ornis Armeniaca. Erewan. 340.
Marchant 1963 Ibis 105, 544.
Moltschanow 1913 Messag. orn. 4, 153.
Moore u. Boswell 1956 Iraq Nat. Hist. Mus. Publ. 10, 206.
Orlow 1928 Mat. Faun. Nish. Powolsh. 2, 6; 12.
Passburg 1959 Ibis 101, 167.
Pleske 1891 Ornithographia Rossica. St.-Pétersb. 2, 109.
Portenko 1960 Pticy SSSR. Moskwa-Leningrad. 4, 95.
Radde 1884 Ornis Caucas. Kassel. 243.
Rustamow 1955 Zap. Turkm. Uniw. 4, 123.
Satunin 1907a Mat. ptic Kawkaz. kraja. Tiflis 47.
Satunin 1907b Jestest. i Geogr. 2–3,5; 16.
Schaposchnikow u. Wereschtschagin 1931 Izw. geogr. Ob. 63, 408.
Scully 1887 J. Asiat. Soc. Bengal 56/2, 81.
Sewercow 1873 Izw. Ob. Ljub. Jest., Antr., Etn. 8/2, 65.
Smith 1957 Ibis 99, 321.
Spangenberg 1941 Arch. Mus. Zool. Univ. Moscou 6, 125.
Stresemann 1928 J. Orn. 76, 379.
Stubbs 1947 Brit. Birds 40, 337.
Suschkin 1914 Messag. orn. 5, 19.
Ticehurst 1922 J. Bombay Nat. Hist. Soc. 28, 392.
Weigold 1912 J. Orn. 60, 399.
Witherby 1903 Ibis (8) 3, 539.
Witherby 1907 Ibis (9) 1, 86.
Woltschaneckij 1959 Trudy Inst. Biol. Charkow. Uniw. 28, 20; 32.
Worobjow (= Worobiew) 1929 J. Orn. 77, 320.
Worobjow 1936 Trudy Astrach. zapow. 1, 47.
Zarudnyj 1891 Bull. Soc. Nat. Moscou (2) 4, 29.
Zarudnyj 1896 Mat. Fauna Flora Ross. 2, 87.
Zarudnyj 1900 Mém. Acad. Sci. St.-Pétersb. (8) 10/1, 213.
Zarudnyj 1903 Oiseaux Perse orient. St. Pétersb. 402.
Zarudnyj (Sarudny) 1904 Orn. Jb. 15, 220.
Zarudnyj 1916 J. Turkest. Geogr. Soc. 12/1, 67.
Zarudnyj 1926 Bull. Soc. Nat. Moscou 35, 260.

Briefliche Auskünfte erteilten: Kumerloeve (Kleinasien), Meklenburcew, Portenko (Sowjetunion), Vaurie (Iran).

Sylvia mystacea Ménétries

Rosengrasmücke

Verwandtschaft

Nächstverwandt mit *Sylvia melanocephala* (siehe diese).

Zur Verbreitung

Sylvia mystacea lebt nicht, wie *S. melanocephala*, hauptsächlich in den Niederungen der Meeresküste und an den angrenzenden Berghängen, sondern hat sich den Vegetationstypen und klimatischen Bedingungen des Binnenlandes angepaßt (vgl. die Verbreitungskarte beider!).

Oekologie

Hinsichtlich ihrer generellen Ansprüche an die Vegetationsformen scheint *S. mystacea* nicht deutlich von *S. melanocephala* abzuweichen. Nach ZARUDNYJ (1896) bewohnt sie in Turkmenien vornehmlich das Strauchwerk an Flußläufen, Tamarisken, Saxaulgebüsch und das Gestrüpp der unteren Bergstufen, aber auch Waldschutzstreifen. HEINRICH traf sie im Juni am Südufer des Kaspi im dichtesten, mit Brombeeren durchwachsenen Granatapfelgesträuch (STRESEMANN 1928). Im gebirgigen Armenien wurde sie noch in 1350 m Höhe festgestellt. In Mesopotamien findet man sie (nach TICEHURST 1922) in Gärten, Kulturland, Buschwerk usw.; sie bevorzugt dort Tamarisken und Akaziengestrüpp (*Prosopis*). Nach WOROBJOW (1936) folgt sie in der ciskaspischen Niederung der Tamariske bis zu deren nördlicher Verbreitungsgrenze.

Neststand wie bei *S. melanocephala*. MARCHANT (1963) fand bei Baghdad fünf Nester, die sämtlich im dichten Krautwuchs (*Agrimonia*), 25 bis 50 cm über dem Boden standen; aber andernorts im Iraq hat man Nester in Brombeerdickungen und Tamarisken oder in buschigen Palmen entdeckt (STUBBS 1947).

Wanderungen

Zugvogel 1. Grades. An der Südgrenze des Areals, in Mesopotamien, verschwindet diese Art nach TICEHURST (1922) völlig von etwa Mitte Dezember an und kehrt erst Ende Februar oder im März zurück. Nach MARCHANT (1963) aber verlassen sie die Gegend von Baghdad schon vor Oktober und erscheinen erst in der ersten Hälfte des März. In Turkmenien beginnt der Abzug Mitte August; Verspätete sind zuweilen noch Ende Oktober bemerkt worden. Die ersten Ankömmlinge zeigen sich Ende März oder Anfang April (SPANGENBERG 1941).

Den Winter verbringt *Sylvia mystacea* in Menge in West-Arabien, an der gegenüberliegenden Küste des Roten Meeres, in Eritrea und im nördlichen Somaliland Dort beginnt sie im September zu erscheinen; Mitte April verschwinden die letzten.

SMITH (1957) kennzeichnet ihren Winter-Biotop in Eritrea mit den Worten „Akazien, dichte Büsche". Im Januar hörte er sie häufig singen. Die Schwungfedern werden vor dem Herbstzug erneuert (PORTENKO 1960).

Sylvia cantillans (Pallas)

bearbeitet von

G. MAUERSBERGER und E. v. VIETINGHOFF-SCHEEL

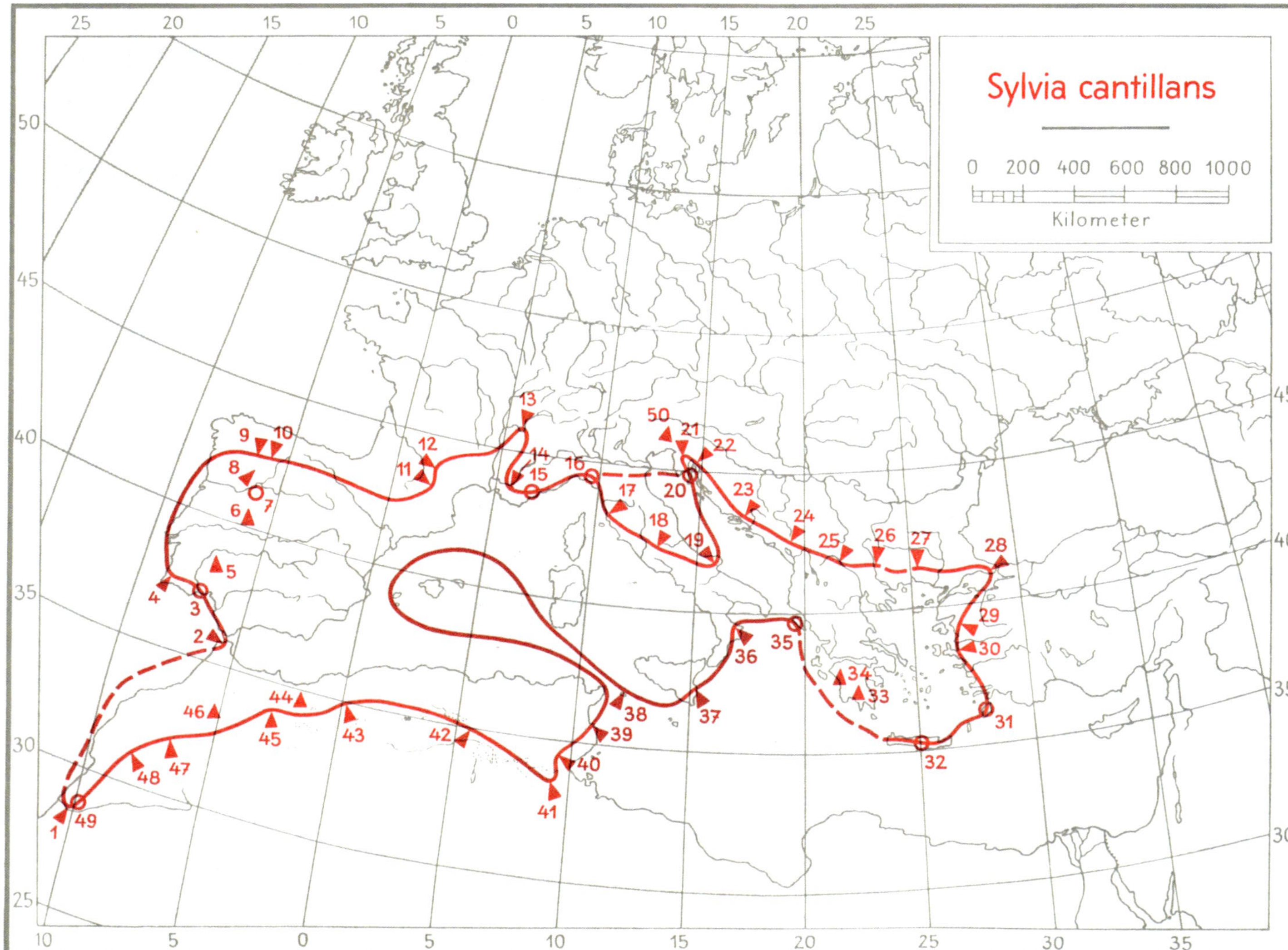

Sylvia cantillans
0 200 400 600 800 1000
Kilometer

FUNDORTLISTE

Fundort		Status	Quelle
1. El Aioum du Dra		Ba	Heim de Balsac 1954
2. Tanger		B	Vaucher 1915
3. Guadiana-Mündung		Bc	Lynes 1912b
4. Monchique		Na	Ticehurst u. Whistler 1933
5. Cheles		As	Bernis et alii 1959
6. Las Batuecas (21. VII.)		A	Bernis brfl. 1961
7. Provinz Salamanca		As	Abs 1959
– Ledesma		A	Bernis 1945
8. Bragança		A	Tait 1924
9. Ponferrada		A	Bernis brfl. 1961
10. Astorga (IV.)		A	Bernis 1946
11. zw. Ste-Foi u. Plavilla		A	Spitz 1963
12. Montastruc (Haute Garonne)		A	Spitz 1963
o St. Antonin (Tarn et Garonne)		A	Spitz 1963
o St. Laurent de Muret (Lozère)		A	Spitz 1963
o Charmes (Ardèche)		A	Spitz 1963
13. Culoz	↓	A	Spitz 1963
– Mont du Chat		Bc	Bailly 1853
14. Mtgn Ste. Victoire		A	Rivoire 1952
15. Esterels		Ns	Ingram 1926
16. Cinque Terre (Riviera de Levante)		Ac	Savi 1827
o Maremma (Livorno)		Bc	Caterini 1946
17. Populonia (Piombino)		Ac	Savi 1827
18. Subiaco		B	Alexander 1927
19. Monte Gargano		Ac	Moltoni 1935; Trettau 1961
20. Cres (= Cherso)	↓	Ba	Rucner 1960
21. Buzet		A	Rucner 1960
22. Crikvenica		Ba	Rucner 1960
23. Koziak		As	Krpan 1960
o Široki brijeg		A	Reiser 1939
24. Selce		Bc	v. Führer 1901
o Treska-Schlucht (Skoplje)		A	Matvejev 1948
25. N Veles (= Köprülü)		As	Stresemann 1920
26. N Gara Pirin		Ns	Mauersberger u. Stübs 1963
27. Kyrdshali	↓	As	Mauersberger u. Stübs 1963
– Krumowgrad		Ns	Mauersberger u. Stübs 1963
28. Maslak		A	Mathey-Dupraz 1921
29. Bergama (= Pergamon)		A	Kumerloeve 1957
30. Smyrna		N	Krüper 1875
31. Rhodos	↓	As	Sassi 1937; v. Wettstein 1938
32. Kreta		Ns	Pease 1940
33. Arachova		A	Niethammer 1943
34. Divri		A	Niethammer 1943
35. Korfu		Ns	Böhr 1962
36. zw. Cariati u. Scala Colli		As	Moltoni 1961
37. „Cavas" b. Syracus		Nc	Lynes 1912a
38. Pantelleria (15. VII.)		As	Moltoni 1957
39. Monastir		Nc	Koenig 1892
40. Thalah		B	v. Erlanger 1899
41. S Douz		N	v. Erlanger 1899
42. Biskra		B	Rothschild u. Hartert 1912
43. Saïda		A	Rothschild u. Hartert 1914
44. Tlemcen		Ns	Snow 1952
45. Gaada Debdou		Bc	Brosset 1956
46. Azrou		Bs	Hartert 1926
47. Azilal		Ba	Lynes 1933
48. Oukaïmeden		A	Brosset 1957
49. Anja (= Ansas)		B	Heim de Balsac 1954
50. Tolmezzo		A	Schweiger 1959

Anmerkungen

Zu P. 13:

Der merkwürdig isoliert erscheinende Fund Baillys (1853) hat seine Stütze in neuesten Ermittlungen (Spitz 1963) gefunden (die erst nach dem Zeichnen der Karte bekannt wurden). – Spitz bringt die Verbreitung in SE-Frankreich mit dem Klima in Beziehung: die extremen Fundorte liegen auf der Grenze des Gebietes mit mehr als 275 Stunden Insolation im Juli oder innerhalb dieser. Unsere Grenzlinie folgt allerdings den Punkten. – Ob der Fund bei Culoz mit dem Brutnachweis im Dep. Ain (Mayaud 1960) identisch ist, war nicht zu ermitteln.

Zu P. 20:

Der freie Raum in Mittelitalien schien uns keine Verbreitungslücke zu bedeuten, sondern auf mangelnder Kenntnis zu beruhen. Wir haben darum eine hypothetische Grenze weiter nördlich gezogen; der an versteckter Stelle publizierte Fund Schweigers (P. 50) liegt sogar noch jenseits dieser Linie, die möglicherweise noch an anderen Stellen (am Südhang der Alpen) überschritten worden ist.

Zu P. 27:

Der Grenze in Bulgarien liegen die ersten Beobachtungen von *cantillans* in diesem Lande (Brutzeit 1963) zu Grunde; wahrscheinlich ist die Art weiter verbreitet (vgl. Mauersberger u. Stübs 1963).

Zu P. 31:

Die Angabe von Bird (1937) für Gaziantep bezieht sich offensichtlich auf ♀♀ von *S. mystacea*.

LITERATUR

ABS 1959 Ardeola 5, 155.
ALEXANDER 1927 Ibis (12) 3, 673.
BAILLY 1853 Ornith. Savoie. Paris-Chambéry. 2, 384.
BERNIS 1945 Bol. Soc. Esp. Hist. Nat. 43, 122.
BERNIS 1946 Bol. Soc. Esp. Hist. Nat. 44, 305.
BERNIS et alii 1959 Ardeola 5, 169.
BIRD 1937 Ibis (14), 1, 77.
BÖHR 1962 Bonn. Zool. Beitr. 13, 100.
BROSSET 1956 Alauda 24, 165; 194.
BROSSET 1957 Alauda 25, 50.
CATERINI 1946 Riv. Ital. Orn. 16, 175.
v. ERLANGER 1899 J. Orn. 47, 267.
FRIEDMANN 1962 Contrib. Sci. Los Angeles County Mus. 59, 18.
v. FÜHRER 1901 Orn. Jb. 12, 17.
HARTERT 1926 Bull. Soc. Sci. Nat. Maroc 5, 289.
HEIM DE BALSAC 1954 Alauda 22, 165.
HEIM DE BALSAC u. MAYAUD 1962 Oiseaux Nord-Ouest Afrique. Paris. 331.
INGRAM 1926 Birds Riviera. High Holborn. 49.
KOENIG 1892 J. Orn. 40, 398.
KRPAN 1960 Larus 12–13, 85.
KRÜPER 1875 J. Orn. 23, 261.
KUMERLOEVE 1957 Anz. Orn. Ges. Bayern 4, 717.
LYNES 1912a Ibis (9) 6, 158.
LYNES 1912b Ibis (9) 6, 472.
LYNES 1933 Mém. Soc. Sci. Nat. Maroc 36, 44.
MATHEY-DUPRAZ 1921 Orn. Beob. 19, 25.
MATVEJEV 1948 Larus 2, 92.
MAUERSBERGER u. STÜBS 1963 J. Orn. 104, 440.
MAYAUD 1933 Alauda 5, 477.
MAYAUD 1934 Alauda 6, 247.
MAYAUD 1960 Alauda 28, 296.
MEINERTZHAGEN 1954 Birds Arabia. Edinburgh-London. 211.
MOLTONI 1935 Riv. Ital. Orn. 5, 260.
MOLTONI 1957 Riv. Ital. Orn. 27, 31.
MOLTONI 1961 Riv. Ital. Orn. 31, 152.
MOREAU 1961 Ibis 103a, 592.
NIETHAMMER 1943 J. Orn. 91, 214.
PEASE 1940 Ibis (14), 4, 102.
REISER 1939 Ornis Balcan. Wien. 1, 54.
RIVOIRE 1952 Alauda 20, 100.
ROTHSCHILD u. HARTERT 1912 Novit. Zool. 18, 508.
ROTHSCHILD u. HARTERT 1914 Novit. Zool. 21, 197.
RUCNER 1960 J. Orn. 101, 314; 315.
SASSI 1937 Verh. Orn. Ges. Bayern 21, 109.
SAVI 1827 Ornitologia Toscana. Pisa. 1, 261.
SCHWEIGER 1959 J. Orn. 100, 351.
SNOW 1952 Ibis 94, 492.
SPITZ 1963 Oiseaux de France 13/2, 26.
STRESEMANN 1920 Avif. Macedon. München. 145.
STRESEMANN 1943 J. Orn. 91, 486.
TAIT 1924 Birds Portugal. London. 85.
TICEHURST u. WHISTLER 1933 Ibis (13) 3, 106.
TRETTAU 1961 Vogelwelt 82, 57.
VAUCHER 1915 Rev. franç. Orn. 4, 111.
v. WETTSTEIN 1938 J. Orn. 86, 21.

Briefliche Auskünfte erteilten: BERNIS (Spanien); SCHWEIGER und TRETTAU (Italien).

Sylvia cantillans (Pallas)

Weißbartgrasmücke

Zur Verbreitung

Sylvia cantillans ist von den Atlasländern aus über das Mittelmeer nach Norden und Nordosten vorgerückt. Die östlichen Populationen folgen auf dem Zug noch immer dem Weg ihrer Ausbreitung. In Kleinasien nistet diese Grasmücke nur an der aegaeischen Küste, obwohl es auch an der Südküste von Kleinasien und auf Cypern Biotope gibt, die für sie passend erscheinen. Bemerkenswert ist auch das Fehlen auf den Balearen und Pityusen, da sie doch auf Sardinien und Korsika zahlreich nistet.

Gliederung

Drei Subspecies: 1. *inornata* in NW-Afrika. — 2. ihr sehr ähnlich *cantillans*: von der Iberischen Halbinsel bis Süd-Italien, Korsika, Sardinien und Sizilien. — 3. *albistriata* in Südost-Europa, auf bergigen Inseln der Aegaeis und an der Westküste von Kleinasien: Von den beiden vorigen in allen Kleidern deutlich unterschieden durch die Gestalt des Flügels, der sich in Anpassung an die Erfordernisse eines längeren Wanderweges gestreckt hat. Bei *albistriata* ist die 9. Handschwinge länger als die 6. und etwa ebenso lang wie die 8. und 7.; bei den beiden anderen Subspecies ist die 9. Handschwinge etwas kürzer als die 6. und merklich kürzer als die 8.

Die Arealgrenzen dieser drei Subspecies berühren einander nicht. Im oberitalienischen Raum zwischen den Punkten Nr. 16 (*cantillans*) und Nr. 20 (*albistriata*) ist die Weißbartgrasmücke noch niemals nistend gefunden worden.

Oekologie

Die Weißbartgrasmücke bewohnt zur Brutzeit xerophiles Gestrüpp (Macchie) mit eingestreuten Bäumen (z. B. Eichen), unter der Bedingung, daß es an sonnigen Berghängen liegt. Dieser Vegetationsform folgt sie mancherorts weit nach Norden

(P. 13) und nach oben (im Hohen Atlas bis 2300 m, HEIM DE BALSAC & MAYAUD 1962). Sie fehlt in baumloser Zwergbuschsteppe der Tiefebene. In Südost-Europa bevorzugt sie das von Eichen, besonders der Kermeseiche (*Quercus coccifera*), gebildete Gestrüpp.

Nest in niederen Büschen.

Wanderungen

Zugvogel 1. Grades. Alle drei Subspecies überwintern am Südrand der westlichen Sahara, in der Sahel-Zone (STRESEMANN 1943, MOREAU 1961, HEIM DE BALSAC & MAYAUD 1962), und zwar:

inornata und *cantillans* in der Gegend des großen Niger-Bogens (wahrscheinlich auch weiter westlich) und von da östlich mindestens bis Zinder und Kano, ferner im Aïr und in den Hoggar-Bergen.

albistriata westwärts bis zum großen Niger-Bogen, ostwärts mindestens bis zum Tschadsee, wahrscheinlich bis Ennedi; nach MOREAU (1961) in einem Streifen am Südrande der Wüste, der meist südlich von 18°N zwischen 0° und 22°E liegt.

Im Winterquartier verbringt die Mehrzahl der Weißbartgrasmücken die Monate Oktober bis März; einige brechen schon im Februar auf, man hat diese Species aber auch noch Anfang Mai unterwegs angetroffen. Ende Dezember gesammelte Exemplare haben die Mauser der Schwungfedern schon beendet (NIETHAMMER in litt.).

Ankunft am Brutplatz in NW-Afrika im März, in Griechenland von Ende März an, meist im April. Abzug im August.

Die beiden westlichen Subspecies (*inornata* und *cantillans*) vollführen ihre beiden periodischen Wanderungen ungefähr in Richtung der Meridiane. Auch die östliche Subspecies (*albistriata*) folgt im Herbst der Verbindungslinie zwischen Brutgebiet und Winterquartier; diese Linie aber durchquert bei ihr das Gradnetz diagonal. Sie wandert mithin nach Südwesten. Die östlichsten Populationen erscheinen dabei in der Cyrenaica, die westlicheren ziehen vermutlich westlich an Kreta vorbei übers Mittelmeer. Auf dem Rückweg dagegen erscheint *albistriata* in Menge nicht allein in Nordost-Algerien, Tunesien und Tripolis, sondern auch in der östlichen Sahara und Unteraegypten (wo sie im Herbst gänzlich fehlt). Einige zu weit nach Osten Geratene zeigen sich sogar in Palästina und auf Cypern. Demnach führen die östlichen Populationen von *albistriata* einen Schleifenzug durch (vgl. die Zugkarte nach MEINERTZHAGEN 1954, geändert).

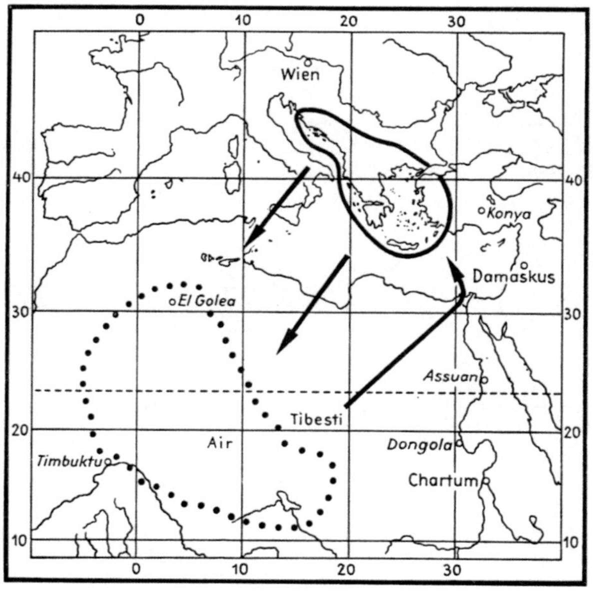

Sylvia conspicillata Temminck

bearbeitet von

E. v. VIETINGHOFF-SCHEEL

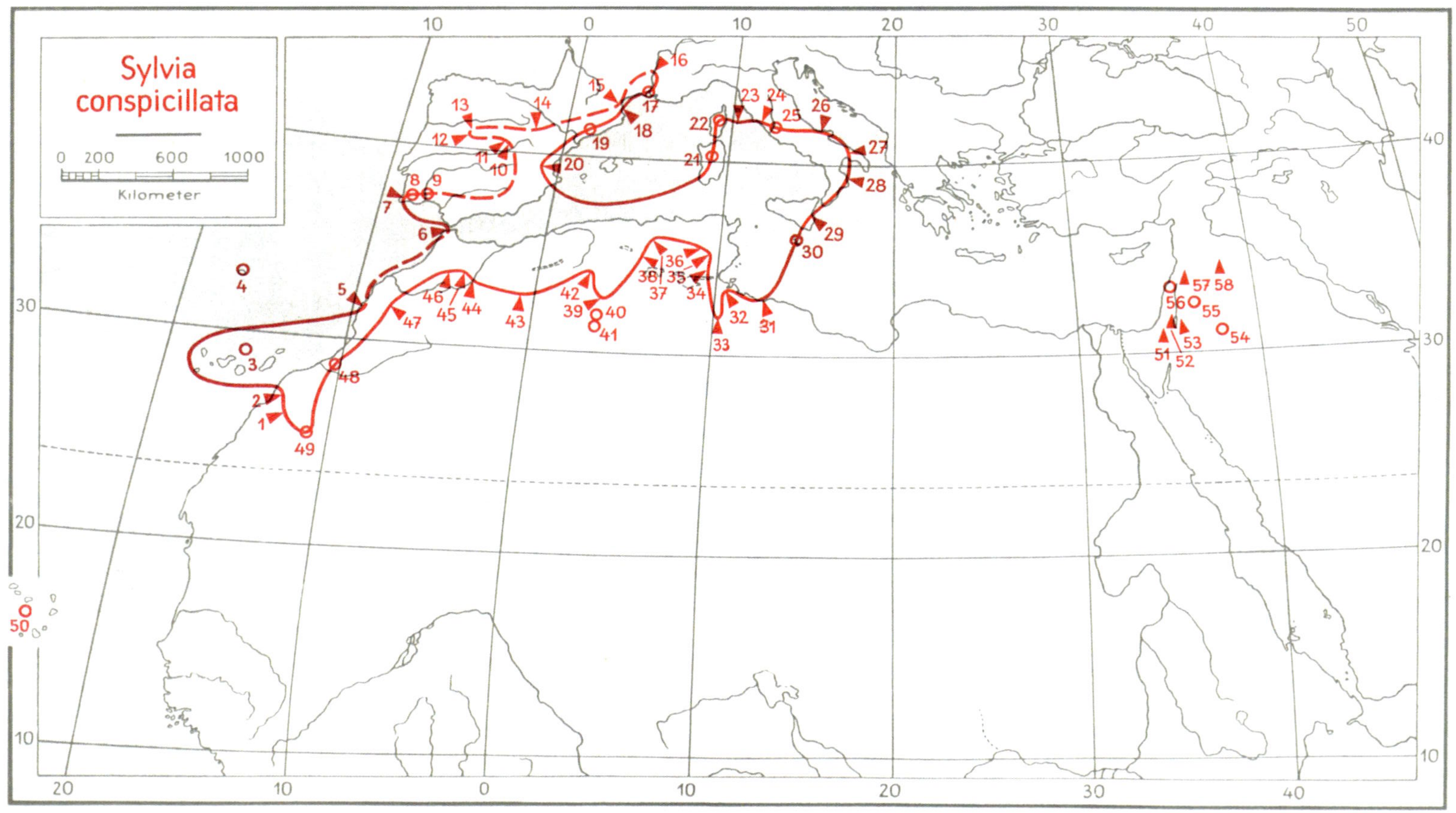
Sylvia conspicillata
0 200 600 1000
Kilometer
1
2
3
4
5
6
7
8
9
10
11
12
13
14
15
16
17
18
19
20
21
22
23
24
25
26
27
28
29
30
31
32
33
34
35
36
37
38
39
40
41
42
43
44
45
46
47
48
49
50
51
52
53
54
55
56
57
58

FUNDORTLISTE

Fundort		Quelle
1. Aagueidat el Gaselan	Js	Valverde 1957
1. El Aium	As	Valverde 1957
3. Kanarische Inseln (außer Hierro)	Aa	Volsøe 1951
4. Madeira	Aa	Meinertzhagen 1925
5. Ras-el-Ain (S Mogador)	B	Hartert 1923
6. Tanger	B	Hartert 1923
7. Montinhal-Tal	Js	Owen 1958
8. Algarve	Ac	Reis 1931
9. Guadiana-Mündung	Ns	Jourdain 1937
10. Aranjuez	Ac	Lilford 1866
11. Getafe	A	Bernis brfl. 1961
12. Lagunilla ↓	Ac	v. Jordans u. Steinbacher 1942
13. N Linares	As	Abs 1959
14. Alhama de Aragon (SW Prov. Zaragoza)	AJc	Witherby 1930
15. Talairan	A	Mayaud 1933
16. S Montelimar ↓	A	Wüst 1954
17. Camargue	Nc	Yeates 1943
18. Port Vendres	AJa	Ticehurst u. Whistler 1927
19. Castellfullit (N Reus)	Ac	Trave u. Maluquer 1959
20. Cortes de Pallas	A	Bernis brfl. 1961
21. Sardinien	Nc	Bezzel 1957
22. Corsica	Na	Whitehead 1885
23. Montecristo	Js	Moltoni 1954
24. Civitavecchia	A	Bonaparte 1832
25. Campagna	Ac	Chigi 1904
– Carroceto (24. III.)	As	Alexander 1927
26. Lago di Lesina	AJc	Moltoni 1935
27. N Taranto	B	Clancey 1947
28. Capocolonna (Cotrone)	A	Lucifero 1899
29. Syracus	Js	Lynes 1912
30. Malta	Nc	Lynes 1912
31. Zavia (= Sauia; III.)	As	Cavazza 1932
32. Medenin	B	Heim de Balsac u. Mayaud 1962
33. Djeneïen	A	Lavauden 1924
34. Bir Selousa (Seggi)	Ns	v. Erlanger 1899
35. Sidi-Ali-ben-Aoun	Nc	v. Erlanger 1899
36. Bou Driés	Ns	v. Erlanger 1899
37. Batna	Bs	Hartert 1912
38. Biscra (= Biskra)	Aa	Koenig 1895
39. Ghardaïa	J	Heim de Balsac 1926
40. Saadana	A	Heim de Balsac 1926
41. Zirara	A	Heim de Balsac 1926
42. Laghouat	Ns	Hartert 1912
43. Aïn Sefra	A	Rothschild u. Hartert 1914
44. Missour (24. III.)	As	Hartert 1927
45. Dj. Moussa ou Salah	As	Olier 1959
46. Azrou	As	Lynes 1920
47. Mesfiona (SE Marakesch)	N	Whitaker 1898
48. Goulimine (14. III.)	Ns	Bannerman 1953
o Dj. Guir	A	Heim de Balsac 1954
49. Zemmour	Bs	Heim de Balsac 1954
50. Kapverdische Inseln	B	Bourne 1955
51. 110 km S Tel-Aviv ↓	B	Mendelssohn brfl. 1960
52. Bergland W Jerusalem	B	Mendelssohn brfl. 1960
53. Wadi Mojib (E Totes Meer)	A	Carruthers 1910
54. „Wadi Sirhan“ ↓	B	Aharoni 1932
55. Dj. Druze	Bc	Meinertzhagen 1935
56. Oberes Galiläa	B	Mendelssohn brfl. 1960
57. Antilibanon	N	Aharoni 1931
58. Palmyra	Bc	Aharoni 1931

Anmerkungen

Zu P. 12:

Die Linienführung in Spanien folgt der Überprüfung durch Bernis.

Zu P. 16:

Der zuverlässige Bailly (1853) nennt auch den Lac de Bourget in Savoyen als Brutplatz; seitdem ist die Brillengrasmücke dort nicht wieder gefunden worden. Vgl. die Anmerkung zu P. 14 von *Sylvia cantillans.*

Zu P. 51:

Über die von Meinertzhagen 1930 mitgeteilten Frühjahrsfunde in Unteraegypten (Fayum, Wadi Natrun, Heluan) vgl. Moreau 1928.

Zu P. 54:

Aus Aharonis Text (1931) ist zu schließen, daß sich die Angabe „Gebirgsschluchten der Syrischen Wüste“ auf die Gegend zwischen Kaf und Djof am Wadi Sirhan bezieht. Aharoni ist in der Bezeichnung von Lokalitäten meist sehr sorglos und ungenau verfahren. Neuere Daten aus diesem Gebiet fehlen.

LITERATUR

Abs 1959 Ardeola 5, 155.
Alexander 1927 Ibis (12) 3, 673.
Aharoni 1931 Beitr. Fortpfl. Biol. Vögel 7, 222.
Aharoni 1932 J. Orn. 80, 420.
Bailly 1853 Ornith. Savoie. Paris-Chambéry. 2, 380.
Bannerman 1939 Birds Trop. West-Africa. Edinburgh-London, 5, 25.
Bannerman 1953 Ibis 95, 134.
Bannerman 1958 Birds Cyprus. Edinburgh-London. 112.
Bezzel 1957 Anz. Orn. Ges. Bayern 4, 680.
Bonaparte 1832 Nuovo Giornale de Letterati 64. Pisa. 4.
Bourne 1955 Ibis 97, 553.
v. Boxberger 1934 J. Orn. 82, 194.
Carruthers 1910 Ibis (9) 4, 483.
Casati 1962 Riv. Ital. Orn. 32, 24.
Cavazza 1932 Riv. Ital. Orn. 2, 177.
Chigi 1904 Avicula 8, 124.
Clancey 1947 Ibis 89, 653.
v. Erlanger 1899 J. Orn. 47, 266.
Hartert 1912 Novit. Zool. 18, 509.
Hartert 1923 Novit. Zool. 30, 107.
Hartert 1927 Novit. Zool. 34, 49.
Heim de Balsac 1926 Mém. Soc. Hist. Nat. Afr. Nord 1, 57.
Heim de Balsac 1951 Alauda 19, 28.
Heim de Balsac 1954 Alauda 22, 165.
Heim de Balsac u. Mayaud 1962 Oiseaux Nord-Ouest Afrique. Paris. 329.
Hoffmann 1950–54 Stat. biol. Tour du Valat 1, 66.
v. Jordans u. Steinbacher 1942 Ann. naturh. Mus. Wien 52, 223.
Jourdain 1937 Ibis (14) 1, 136.
Koenig 1895 J. Orn. 43, 277.
Lavauden 1924 Oiseaux Tunisie. Paris. 95.
Lilford 1866 Ibis (2) 2, 185.
Lucifero 1899 Avicula 3, 38.
Lynes 1912 Ibis (9) 6, 122; 159.
Lynes 1920 Ibis (11) 2, 294.
Mayaud 1933 Alauda 5, 478.
Meinertzhagen 1925 Ibis (12) 1, 612.
Meinertzhagen 1930 Nicoll's Birds Egypt. London. 1, 228.
Meinertzhagen 1935 Ibis (13) 5, 133.
Moltoni 1935 Riv. Ital. Orn. 5, 261.
Moltoni 1954 Riv. Ital. Orn. 24, 41.
Moreau 1928 Ibis (12) 4, 239.
Niethammer 1957 Bonn. Zool. Beitr. 8, 244.
Olier 1959 Alauda 27, 206.
Owen 1958 Ibis 100, 519.
Reis 1931 Cat. sist. aves. Portugal. Pôrto. 102.
Rothschild u. Hartert 1914 Novit. Zool. 21, 197.
Sage 1958 Iraq Nat. Hist. Mus. Publ. 16, 45.
Schmitz 1899 Orn. Jb. 10, 2.
Ticehurst et alii 1926 J. Bombay Nat. Hist. Soc. 31, 101.
Ticehurst u. Whistler 1927 Ibis (12) 3, 298.
Trave u. Maluquer 1959 Ardeola, 5, 192.
Valverde 1957 Aves Sahara Español. Madrid. 272.
Valverde 1960 Arch. Inst. Aclimat. 9, 115.
Vaurie 1954 Amer. Mus. Novit. 1692, 14.
Volsøe 1951 Vidensk. Medd. Dansk nat. hist. Foren. 113, 95.
Whitaker 1898 Ibis (7) 4, 597.
Whitehead 1885 Ibis (5) 3, 33.
Witherby 1930 Bull. Brit. Orn. Cl. 50, 78.
Wüst 1954 Anz. Orn. Ges. Bayern 4, 121.
Yeates 1943 Ibis 85, 163.

Briefliche Auskünfte erteilten: Bernis (Spanien), Mendelssohn (Israel), Olier (Nordafrika).

Sylvia conspicillata Temminck

Brillengrasmücke

Zur Verbreitung und Gliederung

Die Brillengrasmücke hat am Saum des Mittelmeers eine disjunkte Verbreitung. Sie nistet im westlichen mediterranen Raum; weitab davon hat sie sich in Palästina festgesetzt, von wo sie ein wenig nach allen Seiten vorgerückt ist, nach Osten vielleicht weiter als bisher bekannt. Da sich die Population dieser Exklave von der westlichen nicht unterscheidet, dürfte die Brillengrasmücke erst im späten Quartär nach Palästina gelangt sein.

Zum Wohngebiet gehören ferner Madeira, die Kanaren und Capverden. Dort sind einige örtliche Subspecies entstanden, die freilich nur im Sättigungsgrad der Gefiederfarben von einander abweichen, und zwar entsprechend den Unterschieden der jährlichen Regenmenge und der allgemeinen Luftfeuchtigkeit (Vaurie 1954). Daraus darf man vielleicht folgern, daß die Brillengrasmücke diese Inseln etwas früher erreicht hat als Palästina (gleichfalls übers Meer hinweg).

Oekologie

Mit ihren oekologischen Ansprüchen nimmt *Sylvia conspicillata* eine Sonderstellung unter den mediterranen Grasmücken ein. Sie bevorzugt sehr niedere Pflanzendickichte und ist mancherorts besonders häufig im zwergigen Bewuchs salziger oder sehr trockener, steppenartiger Böden, wohin ihr keine andere Grasmücke folgt.

In der Camargue besiedelt sie in Menge die weiten mit *Salicornia* bedeckten Flächen (Yeates 1943). In Nordwest-Afrika trifft man sie vor allem auf flachem Grund, sei es in der versalzten Zone der Mittelmeerküste, sei es auf den Hochebenen (Hauts Plateaux), „mit einem Wort auf Steppenböden, die für andere Grasmücken ungenügend bewachsen sind" (Heim de Balsac & Mayaud 1962). Auf den Kanarischen Inseln bevorzugt sie alle trockenen Stellen, mögen sie im halb wüstenartigen Küstenstrich oder im Gebirge (bis gegen 1500 m hoch) gelegen sein (Bannerman 1939). In der West-Sahara (im Zemmour) hat sie sich einem echten Wüstenbiotop angepaßt, denn dort bewohnt sie die weiten, vor allem mit der Salsolacee *Nucularia perrini* bedeckten Flächen (Heim de Balsac 1951; Valverde 1957).

Auf die Oekologie der Brillengrasmücke in Israel hat Herr Prof. Dr. MENDELSSOHN genau geachtet. Er schrieb uns darüber unter dem 11. August 1960: „*Sylvia conspicillata* hat hier mehrere, isolierte Vorkommen. Besonders merkwürdig ist, daß eines dieser Vorkommen in der südlichen Wüste ist, in einem Gebiet mit etwa 100 bis 150 mm Regen. Es ist eine sandige, ziemlich ebene Gegend, ca. 110 km südlich von Tel-Aviv, bewachsen mit niederen Sträuchern, vor allem von *Artemisia monosperma, Haloxylon* sp. sp., *Noea mucronata* usw. Die anderen Vorkommen sind im mediterranen Teil des Landes, in Gegenden mit 500 bis 600 mm Regen; es sind immer ziemlich kahle Hügel, spärlich bewachsen mit kleinen Büschen, besonders mit der stachligen *Calycotome villosa* und dazwischen dem Zwergbusch *Poterium spinosum*. Solche Vorkommen kennen wir im Bergland westlich von Jerusalem, aber auch an vereinzelten Stellen im Oberen Galiläa, so daß es vielleicht nicht ausgeschlossen ist, daß das Brutareal in Israel sich weiter in die nördlich angrenzenden Länder fortsetzt. Biotope mit ähnlichem Aspekt gibt es auch im Sinai auf einigen Bergen über 2000 m Höhe, und es wäre nicht ausgeschlossen, daß *S. conspicillata* auch da brütet."

In Andalusien fand sie NIETHAMMER (1957) nur an der Küste und hoch oben in der Sierra Nevada, wo sie in Höhen von 2000 bis 2500 m, dicht neben zusammenhängenden Schneefeldern, in niederen Polstern des Zwerg-Wacholders (*Juniperus nana*) keineswegs selten war. Im Mittleren Atlas wurde sie von OLIER (1959 und briefl.) auf dem Bou Iblane in 2600 m Höhe entdeckt; dort haust sie vor allem in kleinen Büschen oberhalb der Zone der Xerophyten.

Neststand auf Madeira meist in Stechginster (*Ulex*) und anderen Ginster-Arten (SCHMITZ 1899), in der Camargue in *Salicornia* (YEATES 1943), im Delta des Guadalquivir in *Atriplex*-Büschen (VALVERDE 1960).

Wanderungen

Aus dem nördlichsten Teil des Verbreitungsgebiets (Provence) verschwinden alle Brillengrasmücken im Herbst; erst im Frühjahr kehren sie wieder. Weiter südlich bleibt der größte (?) Teil der Population, auf den Atlantischen Inseln der gesamte Bestand das ganze Jahr über seßhaft.

Nach HOFFMANN (1950—54) zieht *Sylvia conspicillata* aus der Camargue Ende September oder im Oktober fort. Die Ankunft fällt dort auf Ende März oder Anfang April. BEZZEL (1957) vermutet, daß sie auf Sardinien im Winter fehle und erst Ende März zurückkehre. v. BOXBERGER (1934) meint, daß sie auch in der Provinz Malaga fortziehe, weil er sie dort nicht vor Ende März gesehen hat. In der Küstenzone von Ost-Marokko räumt sie ihre Brutplätze beim Nahen des Winters (BROSSET 1961). Diesen verbringen viele Brillengrasmücken am Nordrand der Sahara. Das sind offenbar nicht nur Brutvögel Nordwest-Afrikas, sondern auch Europas (HEIM DE BALSAC & MAYAUD 1962). Sie sind bis Mitte März sogar im äußersten Süden von Rio de Oro, im nördlichsten Sénégal (St. Louis) und südlich des Hoggar-Gebirges bei Tamanrasset gefunden worden, ferner im Fezzan.

Bei Cairo ist diese Species nach MOREAU (1928) ein recht häufiger Wintergast. Sie hält sich dort, meist einzeln, in den Schluchten der östlichen Wüste auf, sofern in ihnen Büsche wachsen. Vermutlich kommt sie dorthin aus Palästina. Der gleichen Herkunft werden wohl die Brillengrasmücken sein, die sich bis zum April nicht selten auf Cypern zeigen (BANNERMAN 1958). Einzelne sind nach der Brutzeit sogar im Iraq (unweit von Baghdad) gefunden worden (TICEHURST 1926, SAGE 1958).

In Italien und Sardinien beheimatete Brillengrasmücken wären, sofern sie im Winter fortzögen, zu einem Flug übers Mittelmeer genötigt. Für diese Vermutung fehlt es aber fast ganz an Anhaltspunkten. Nach CASATI (1962) zieht *Sylvia conspicillata* auf der vor dem Cap Circeo gelegenen Insel Zannone im Frühjahr spärlich durch.

Sylvia deserticola Tristram, *Sylvia undata* (Boddaert)
und
Sylvia sarda Temminck

bearbeitet von

E. v. VIETINGHOFF-SCHEEL

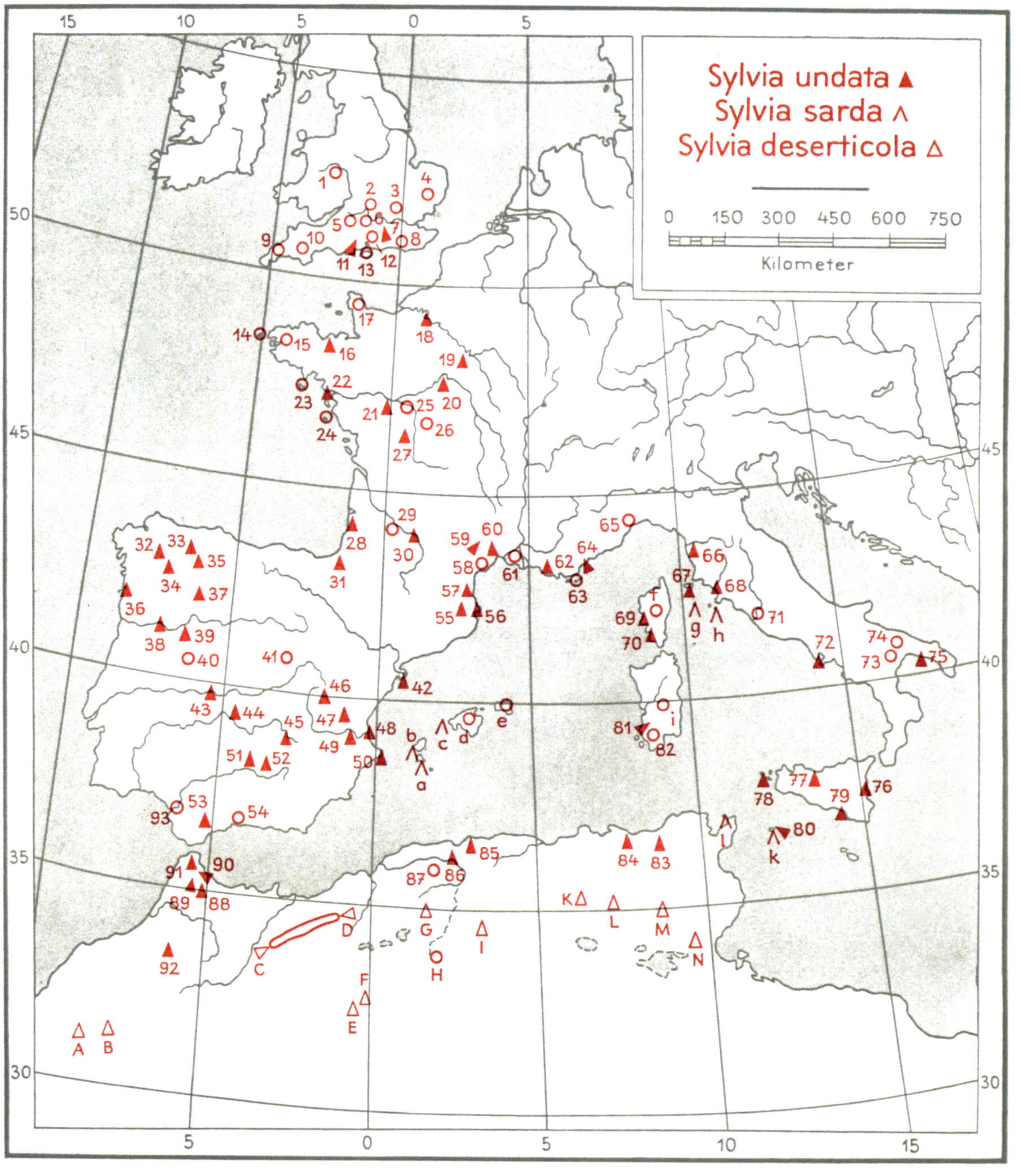

Sylvia undata ▲
Sylvia sarda ∧
Sylvia deserticola △
0 150 300 450 600 750
Kilometer

FUNDORTLISTE

für ***Sylvia deserticola***

A. Wadi Amsmiz	Ac	MEADE-WALDO 1903	H. Dj. Amour	Jc	SNOW 1952
– Asselda (Reraya-Bezirk)	As	HARTERT 1927	I. Djelfa (= Dj. Senalba)	Nc	HARTERT 1915
B. Touggana (21. III.)	As	LYNES 1933	K. S Batna	Ns	JOURDAIN 1915
C. Debdou	Bc	BROSSET 1956	L. Khenchela	Ac	JOURDAIN 1915
D. Tlemcen	Bc	BROSSET 1956	M. Bou-Chebka	N	WHITAKER 1905
E. Dj. Mekter	As	ROTHSCHILD u. HARTERT 1914	– El-Oubira	N	WHITAKER 1905
F. Dj. Aïn Aïssa	A	HEIM DE BALSAC 1928	– Ain-bou-Driés	B	v. ERLANGER 1899
G. Harmela	Na	MAKATSCH 1957	N. Segui	A	HEIM DE BALSAC u. MAYAUD 1962

LITERATUR

BROSSET 1956 — Alauda 24, 195.
v. ERLANGER 1899 — J. Orn. 47, 272.
HARTERT 1910 — Vögel paläarkt. Fauna. Berlin. 1, 600.
HARTERT 1915 — Novit. Zool. 22, 75.
HARTERT 1927 — Mém. Soc. Sci. Nat. Maroc 16, 5; 16.
HEIM DE BALSAC 1928 — Rev. franç. Orn. 12, 178; 237.
HEIM DE BALSAC 1951 — Alauda 19, 28.
HEIM DE BALSAC u. MAYAUD 1962 — Oiseaux Nord-Ouest Afrique. Paris. 327.
JANY 1959 — Bonn. Zool. Beitr. 10, 69.
JOURDAIN 1915 — Ibis (10) 3, 147.
LYNES 1933 — Mém. Soc. Sci. Nat. Maroc 36, 44.
MAKATSCH 1957 — Vogelwelt 78, 28.
MEADE-WALDO 1903 — Ibis (8) 3, 203; 206.
ROTHSCHILD u. HARTERT 1914 — Novit. Zool. 21, 183; 197.
SNOW 1952 — Ibis 94, 492.
WHITAKER 1905 — Birds Tunisia. London. 1, 99.

Sylvia deserticola Tristram

Atlasgrasmücke

Verwandtschaft

Nächstverwandt mit *Sylvia undata* (siehe diese)

Zur Verbreitung

Sylvia deserticola ist auf die Atlasländer beschränkt und brütet dort nur im Gebirge, südlich der Verbreitungsgrenze von *Sylvia undata*. Sie fehlt im Mittleren Atlas, ist aber im marokkanischen Hohen Atlas zwischen 1000 und 2300 m weit verbreitet. Nach Osten reicht ihr Areal bis zu den dorsalen Bergketten von Tunesien, nach Süden bis zum Saharischen Atlas.

Verbreitungskarte bei JANY (1959).

Oekologie

HARTERT (1910) kennzeichnet den Biotop folgendermaßen: „Berghänge, bestanden mit Buschwerk von immergrünen Eichen, *Cistus*, Wacholder, Rosmarin, Thymian u. dergl."

Nest und Neststand wie bei *Sylvia undata*.

Wanderungen

In Tunesien und Ost-Marokko räumt *Sylvia deserticola* ihre Brutgebiete mancherorts bei Einbruch des Winters ganz und kehrt erst von Ende März bis Anfang Mai dorthin zurück. An den meisten Stellen aber bleibt sie (wenigstens zum größten Teil) seßhaft. Die Wandernden überwintern teils schon in den nördlichen Oasen der Sahara, teils ziehen sie durch die mittlere Sahara bis zum Plateau von Tadmaït, zum Tassili n'Ajjer und zum Nordhang des Hoggar-Gebirges, wo sie bis Mitte März angetroffen worden sind. Auch im mittleren Tripolitanien (z. B. am Djebel es Soda) hat man sie im Winter gefunden (HEIM DE BALSAC & MAYAUD 1962). In den Oasen der nordwestlichen Sahara scheint sie nur selten aufzutreten (so im Tadjakant; HEIM DE BALSAC 1951).

FUNDORTLISTE

für ***Sylvia undata***

Fundort			Quelle
1. Salop	↓	Bs	Witherby et alii 1952
2. Oxon		Ns	Witherby et alii 1952
3. Hertshire		As	Witherby et alii 1952
4. Suffolk		Bs	Bannerman u. Lodge 1954
5. Wiltshire		Bs	Bannerman u. Lodge 1954
6. Berkshire		Bs	Bannerman u. Lodge 1954
7. Farnham (Surrey)		AJ	Seebohm 1881
8. Sussex		Bs	Bannerman u. Lodge 1954
9. Cornwall		Bs	Witherby et alii 1952
10. Devon		Bs	Witherby et alii 1952
11. Cranborne		As	Durango 1956
12. Hampshire		Bs	Bannerman u. Lodge 1954
13. Isle of Wight		Bs	Bannerman u. Lodge 1954
14. Ile d'Ouessant		A	Julien u. Spitz 1955
15. Finistère		A	de Chavigny 1926
16. Pléneuf		A	Mayaud 1931a
17. La Hague		Ac	Nicolau-Guillaumet u. Spitz 1960
18. Fôret de Rouvray (S Rouen)		A	Olivier 1931
19. Fontainebleau		NJs	Blot 1936
20. Jouy-le-Potier		B	Reboussin 1935
21. Saumur		Ac	Reboussin 1935
22. St. Andrè-les-Eaux		A	Mayaud 1931a
23. Belle-Ile		Na	Kowalski 1957
24. Insel Yeu		Ns	Mayaud 1934b
25. NW Dep. Vienne		Nc	de Chavigny 1926
– Chinon		As	de Chavigny 1926
26. La Brenne (III., IV.)		Aa	Lohmann 1960
– Verneuil		A	Domaniewski 1931
27. Mouliére (NE Poitiers; III., IV.)		Ac	Lohmann 1960
28. La Teste		A	Menegaux 1912
29. Umgeb. Lavardac		Aa	Olivier 1950
30. Agen		As	Olivier 1950
31. Cauterenborda (Urrugne)		Ns	Mayaud 1943
32. Lugo		B	Bernis brfl. 1961
– Baamonde		A	Bernis brfl. 1961
33. Cangas de Narcea		A	Bernis brfl. 1961
34. Samos		A	Bernis brfl. 1961
35. Villablino		A	Bernis brfl. 1961
o Molinaferrera		B	Bernis brfl. 1961
36. Vigo		N	Tait 1924
– Gebirge S Bayona		A	Bernis brfl. 1961
37. Castrocontrigo		A	Bernis brfl. 1961
– Tabuyo		A	Bernis brfl. 1961
38. Alijo	↓	Ac	Weigold 1922
39. Aldeadávila (5. IX.)		A	Bernis brfl. 1961
– Monteras (9. IX.)		A	Bernis brfl. 1961
40. Sierra Peña de Francia		A	Bernis brfl. 1961
– Las Batuecas		A	Bernis brfl. 1961
41. Hiendelaencina		Bc	Bernis brfl. 1961
– Cogolludo		B	Bernis brfl. 1961
– Tamajon		A	Bernis brfl. 1961
42. Insel Buda (29. III.)		A	Bernis brfl. 1961
43. N Oropesa		A	Bernis brfl. 1961
– Candeleda		B	Bernis brfl. 1961
44. Navas de Estena		A	Bernis brfl. 1961
45. Ruidera		A	Bernis brfl. 1961
46. Sierra de Valdemeca		A	Bernis brfl. 1961
47. Benagéver		A	Bernis brfl. 1961
48. Albufera (Ende III.)		A	Bernis brfl. 1961
49. Cortes de Pallás		A	Bernis brfl. 1961
50. Javea (X.)		A	Moreau 1954
51. Fuencaliente		A	Bernis brfl. 1961
52. Despeñaperros		B	Bernis brfl. 1961
53. San Cristobal (Grazalema)		B	Lynes 1912
54. Prov. Malaga		Bc	v. Boxberger 1934
55. Vernet-les-Bains		A	Lüttgens 1952
– Amélie-les-Bains (28. VIII.)		A	Mayaud 1936
56. Banyuls		As	Mayaud 1931b; Stichmann 1960
57. Vingrau		As	Jouard 1933
58. Dep. Hérault		A	Hüe 1947
59. L'Hospitalet		As	Mayaud 1934a
60. Vigan		A	Meylan 1933
61. Camargue		Ac	de Vries 1927; Jourdain 1931
– Alpillen		A	Müller 1961
62. Montagne Ste. Victoire		Ac	Rivoire 1952
63. Iles d'Hyères (X.)		Bs	Lévêque 1957
64. Esterels		Nc	Ingram 1926
65. Savona		Bs	Giglioli 1890
66. Pisa		Bs	Caterini 1941; Savi 1827
67. Elba		Bc	Damiani 1899
68. Grosseto		A	Savi 1827
69. Porto		Js	Jourdain 1911
70. Ajaccio (II.)		As	Whitehead 1885
71. Latium		Bs	Alexander 1927
72. Neapel		As	Tucker u. van Oordt 1929
73. E Basilicata		A	Clancey 1948
74. Le Murge		A	Clancey 1948
75. Taranto (17. I.)		A	Clancey 1948
76. Catania		As	Benoit 1840
77. Termini Imerese		As	Krampitz 1958
– Le Madonie		As	Orlando 1937
78. Marettimo		BJc	Suchantke 1960
79. Terranova		As	Krampitz 1956
80. Pantelleria		AJs	Moltoni 1957
81. Iglesias		As	Hansmann 1857
82. SW Sardinien	↓	Ac	Brooke 1873
83. Aïn Draham (11. III.)		As	Bannerman 1927
84. Bône		Bs	Payn 1948
85. Bouzaréa		Na	Heim de Balsac 1926a
86. Hammam R'hira		BJc	Rothschild u. Hartert 1912
87. Ouarsenis		Ac	Heim de Balsac 1926b
– Aïn Leka		Ns	Heim de Balsac 1926b
88. Dj. Mago (Yebala)		Bc	Lynes 1924
89. Tazarut		N	Lynes 1924
90. Dar Chaui		Jc	Valverde 1955
91. Tanger		N	Hartert u. Jourdain 1923
92. Oulmes		B	Pasteur 1959
93. Guadalquivir-Delta		Bc	Nicholsen et alii 1957

Anmerkungen

Zu P. 1:

Bannerman u. Lodge (1954) verzeichnen einen starken Rückgang in den letzten 100 Jahren, der die Population, die nicht durch Zuzug aufgefüllt wird, dem Aussterben nahe brachte. Neben der Vernichtung der Biotope (Urbarmachung, Heidebrände) nennen sie als Ursachen dafür strenge Winter und die Verfolgung durch Sammler; genaue Ortsangaben werden aus Schutzgründen vermieden.

Zu P. 38:

Tait (1924) nennt *undata* „common from north to south Portugal . . . . all the year round"; verwertbare Angaben konnten wir nur im Norden ermitteln. Vgl. Kap. „Zur Verbreitung".

Zu P. 82:

Auch auf Sardinien scheint *undata* in ihrem Bestand zurückgegangen zu sein; Kunkel (1963) schreibt: „Wie alle neueren Beobachter fand ich trotz eifrigster Suche diese Art nirgends."

LITERATUR

Alexander 1927 Ibis (12) 3, 673.
Bannerman 1927 Ibis (12) 3, (Suppl.), 131.
Bannerman u. Lodge 1954 Birds Brit. Isles. Edinburgh—London. 2, 155.
Benoit 1840 Ornitologia Siciliana. Messina. 64.
Blot 1936 Alauda, 8, 147.
v. Boxberger 1934 J. Orn. 82, 194.
Brooke 1873 Ibis (3) 3, 243.
Brosset 1956 Alauda 24, 194.
Caterini 1941 Riv. Ital. Orn. 11, 60.
de Chavigny 1926 Rev. franç. Orn. 10, 201.
Clancey 1948 Ibis 90, 598.
Damiani 1899 Avicula 3, 75.
Domaniewski 1931 Fragm. Faun. Mus. Zool. Polon. 1/11, 6.
Durango 1956 Fauna och Flora 51, 231.
Giglioli 1890 Primo resoc. orn. Ital. Firenze. 2, 280.
Hansmann 1857 Naumannia 7, 420.
Hartert u. Jourdain 1923 Novit. Zool. 30, 108.
Heim de Balsac 1926a Mém. Soc. Hist. Nat. Afr. Nord 1, 57.
Heim de Balsac 1926b Rev. franç. Orn. 10, 406.
Heim de Balsac u. Mayaud 1962 Oiseaux Nord-Ouest Afrique. Paris. 326.
Hüe 1947 Alauda 15, 196.
Ingram 1926 Birds Riviera. High Holborn. 50.
Jouard 1933 Alauda 5, 240.
Jourdain 1911 Verh. V. Intern. Orn. Kongr. Berlin. 379.
Jourdain 1931 Ibis (13) 1, 629.
Julien u. Spitz 1955 Oiseaux de France 5, 65.
Kowalski 1957 Alauda 25, 221.
Krampitz 1956 J. Orn. 97, 322.
Krampitz 1958 J. Orn. 99, 52.
Kunkel 1963 Vogelwelt 84, 143.
Lévêque 1957 Alauda 25, 185.
Lohmann 1960 Vogelwelt 81, 22.
Lüttgens 1952 Vogelwelt 73, 167.
Lynes 1912 Ibis (9) 6, 473.
Lynes 1924 Novit. Zool. 31, 78.
Mayaud 1931a Alauda 3, 76.
Mayaud 1931b Alauda 3, 537.
Mayaud 1934a Alauda 6, 247.
Mayaud 1934b Alauda 6, 544.
Mayaud 1936 Alauda 8, 96.
Mayaud 1943 L'Oiseau 13, 64.
Menegaux 1912 Catal. Ois. Coll. Marmottan. Tours. 83.
Meylan 1933 Arch. suisses Orn. 1, 100.
Moltoni 1957 Riv. Ital. Orn. 27, 33.
Moreau 1954 Ardeola 1, 105.
Müller 1961 Beitr. Vogelk. 7, 346.
Nicholsen et alii 1957 Brit. Birds 50, 516.
Nicolau-Guillaumet u. Spitz 1960 Oiseaux de France 10/1, 35.
Olivier 1931 L'Oiseau 1, 726.
Olivier 1950 L'Oiseau 20, 206.
Orlando 1937 Riv. Ital. Orn. 7, 224.
Pasteur 1959 L'Oiseau 29, 47.
Payn 1948 Ibis 90, 11.
Reboussin 1935 Mém. Soc. Orn. Mam. France 3, 50.
Rivoire 1952 Alauda 20, 100.
Rothschild u. Hartert 1912 Novit. Zool. 18, 510.
Savi 1827 Ornitologia Toscana. Pisa. 1, 266.
Seebohm 1881 Catal. Birds. Brit. Mus. London. 5, 32.
Stichmann 1960 Orn. Mitt. 12, 206.
Suchantke 1960 Orn. Beob. 57, 232.
Tait 1924 Birds Portugal. High Holborn. 86.
Tucker u. van Oordt 1929 Ibis (12) 5, 514.
Valverde 1955 Ardeola 2, 109.
Vaurie 1959 Birds palearct. Fauna. Passeriformes. London. 269.
de Vries 1927 Ardea 16, 100.
Weigold 1922 Mitt. Vogelw. 21, 89.
Whitehead 1885 Ibis (5) 3, 34.
Witherby et alii 1952 Handb. Brit. Birds. London. 2, 100.

Briefliche Auskunft erteilte: Bernis (Spanien).

Sylvia undata (Boddaert)

Provencegrasmücke

Verwandtschaft

Sylvia undata gehört mit *S. deserticola* und *S. sarda* zu einer Dreiergruppe (Subgenus *Melizophilus*). Sie ähneln einander morphologisch ebenso sehr wie in Verhaltensweisen.

Gliederung

Es werden einige Subspecies unterschieden, die in der Intensität der Färbung geringfügig voneinander abweichen (vgl. Vaurie 1954 und Heim de Balsac & Mayaud 1962).

Zur Verbreitung

Die Iberische Halbinsel war mutmaßlich der Ausbreitungsherd von *Sylvia undata*. Von dort her mag sie sich ausgebreitet haben nach Süden bis an die mediterrane Küste von Nordost-Afrika, nach Norden bis zur bretonischen Küste und die untere Seine und weiter nach Süd-England, nach Osten bis Süd-Italien und Sizilien. Vor allem die nördliche Arealgrenze unterliegt häufigen Schwankungen, da dort Kleinpopulationen durch strenge Winter vernichtet werden können.

Die unterschiedliche Dichte der Punkte auf der Karte ist wohl zum großen Teil auf den ungleichmäßigen Grad der Durchforschung zurückzuführen; die wirkliche Ausdehnung des besiedelten Raumes läßt sich nur vermuten (vgl. Anm. zu P. 38).

Oekologie

In den Sierras von Andalusien lebt *Sylvia undata* (nach LYNES 1912) fast ausschließlich im lichten Strauchwerk, zusammengesetzt aus Stechginster, *Cistus*, Thymian und anderen kleinen Büschen. Sie nistet dort vom Tiefland an bis etwa 1500 m. Diese Biotop-Beschreibung gilt wohl für die meisten mediterranen Fundorte, auch für die in Marokko gelegenen, wo *Sylvia undata* am Nordhang des Tell-Atlas bis 1800 m hoch gefunden worden ist, aber auch (und vor allem) an der Küste nistet.

Im nördlichen Teil ihres Areals (West-Frankreich, Süd-England) besiedelt sie die weiten Heideflächen, die von Stechginster (*Ulex europaeus*), *Calluna vulgaris* und *Erica cinerea* eingenommen werden. Ihr Nest pflegt sie dort im Stechginster oder in hohem Heidekraut zu bauen.

Wanderungen

Alle europäischen Provencegrasmücken verbringen den Winter am Brutplatz oder in seiner Nähe. Wanderungen größeren Ausmaßes treten nur in Nordwest-Afrika deutlich in Erscheinung. Dort zieht nämlich ein nicht geringer Teil der Individuen süd- und ostwärts. Von Oktober bis März erscheint *Sylvia undata* ziemlich zahlreich am Nordrand der Sahara bis südlich von Laghouat, im Oued Biskra, in Ost-Marokko, in Nord- und Central-Tunesien usw. (HEIM DE BALSAC & MAYAUD 1962), besonders häufig auch in der Küstenzone (BROSSET 1956).

FUNDORTLISTE

für *Sylvia sarda*

a. Formentera	N	HENRICI 1926
b. Ibiza	Aa	v. JORDANS 1914
c. Dragonera	N	HENRICI 1926
d. Mallorca	Na	HENRICI 1926
— Cabrera	Ac	v. JORDANS 1914
e. Minorca	Jc	MUNN 1924
f. Corsica	NJc	JOURDAIN 1911
— Spargi (Straße v. Bonifacio)	Ns	LILFORD 1887
g. Montecristo	Aa	TOSCHI 1953b
h. Giannutri	Ac	TOSCHI 1953a
i. Sardinien	Ac	HANSMANN 1857; BEZZEL 1957
k. Pantelleria ↓	A	MOLTONI 1957
l. Zembra	B	CANTONI 1963

Anmerkung

Zu P. k:

Nach GIBB (1951) ist der Status von *sarda* auf Malta ungewiß: unregelmäßiger Wintergast; „it may breed at irregular intervals".

LITERATUR

BEZZEL 1957 — Anz. Orn. Ges. Bayern 4, 680.
CANTONI 1963 — Alauda 31, 61.
GIBB 1951 — Ibis 93, 115.
HANSMANN 1857 — Naumannia 7, 418.
HEIM DE BALSAC u. MAYAUD 1962 — Oiseaux Nord-Ouest Afrique. Paris. 326.
HENRICI 1926 — Beitr. Fortpfl. Biol. Vögel 2, 13.
v. JORDANS 1914 — Falco 10 (Sonderh.), 475.
JOURDAIN 1911 — Ibis (9) 5, 453.
LILFORD 1887 — Ibis (5) 5, 282.
MOLTONI 1957 — Riv. Ital. Orn. 27, 33.
MUNN 1924 — Ibis (11) 6, 453.
TERRASSE 1959 — Oiseaux de France 8/4, 32.
TOSCHI 1953a — Ric. Zool. Appl. Caccia 22, 16.
TOSCHI 1953b — Ric. Zool. Appl. Caccia 23, 16.

Sylvia sarda Temminck

Sardengrasmücke

Verwandtschaft

Nächstverwandt mit *Sylvia undata* (siehe diese).

Zur Verbreitung

Nur auf Inseln des Mittelmeers hat man die Sardengrasmücke bisher zur Brutzeit angetroffen, niemals aber auf dem Festland. Diese Tatsache ist sehr sonderbar und bereitet der kausalen Erklärung große Schwierigkeiten. Oekologische Bedingungen, die denen auf Sardinien und Korsika gleichen, dürften nämlich auch im festländischen Italien oder in Nordwest-Afrika wiederkehren. Die Biotopansprüche von *Sylvia sarda* entsprechen denen ihrer nahen Verwandten *Sylvia undata*. Auf den Inseln, die von *Sylvia sarda* besiedelt worden sind, fehlt *Sylvia undata*, oder sie ist dort (wie auf Korsika) sehr selten. Beide unterscheiden sich deutlich durch den Gesang.

Die Sardengrasmücke nistet sowohl auf großen Inseln (Sardinien und Korsika) als auch auf ganz kleinen (vor der Küste von Tunesien, zwischen Sardinien und Korsika, im Archipel der Balearen).

Oekologie

Auf Sardinien ist diese Grasmücke ein häufiger und verbreiteter Brutvogel der Macchie des bergigen Landes. Nach Bezzel (1957) ist ihre typische Lebensstätte dort die niedere, nur etwa kniehohe Macchie mit *Cistus, Pistacia, Juniperus*, in der sie einerseits bis an die obere Grenze (etwa 1800 m an der Bruncu Spina) hinauf, andererseits auch in die Ebene hinunter, oft unmittelbar an der Küste, vorkommt.

Auch auf Korsika lebt sie (nach Terrasse 1959) von der Küste an bis mindestens 1300 m empor in der niedrigen Macchie. Sehr oft findet man sie in flachen, von Stechginster (*Ulex*) gebildeten Polstern.

Wanderungen

Die Sardengrasmücke gilt für einen Standvogel. Das trifft aber nicht allgemein zu. Nicht wenige erscheinen in den Wintermonaten (Oktober bis März) in Algerien und Tunesien, wo sie bis zu den ersten Oasen der Sahara vordringen können. Auch in Tripolitanien ist diese Art vorgekommen (Heim de Balsac & Mayaud 1962). Ferner hat man sie im Winter, wenn auch nur vereinzelt, an der ligurischen Küste von Italien, auf Sizilien und auf Malta, sowie je einmal in SW-Marokko und in Unteraegypten festgestellt.

47. Sawelan	B	Coll. Zool. Inst. Leningrad (PORTENKO brfl. 1961)
48. Resht (IV.; V.)	As	WITHERBY 1910
49. Pa-Tschinar	A	ZARUDNYJ (SARUDNY) u. HÄRMS 1926
50. Südabhang d. Demawend	AJ	Coll. Zool. Inst. Leningrad (PORTENKO brfl. 1961)
– Firuzkuh	A	PALUDAN 1940
51. Chehar Deh (1. VIII.)	A	STRESEMANN 1928
52. Shiraz (IX.)	AJ	BLANFORD 1876
53. Dech-i-Dis (18. IV.)	As	ZARUDNYJ (SARUDNY) u. HÄRMS 1926
54. Bishe-Porem	Nc	PALUDAN 1938
55. „Zagrossisches Gebiet" ↓	B	ZARUDNYJ (SARUDNY) 1911
56. Diana	Ns	MOORE u. BOSWELL 1956
57. Zakho	Ac	MOORE u. BOSWELL 1956
– Amadia	Ac	MOORE u. BOSWELL 1956
58. Urfa (21. IV.)	Aa	WEIGOLD 1912
59. Gaziantep	Bc	BIRD 1937
60. Anti-Libanon	Bc	MEINERTZHAGEN 1935
61. Dj. Druze	Bc	MEINERTZHAGEN 1935
62. Gaza (4. V.)	N	MEINERTZHAGEN 1920
– Belah	J	MEINERTZHAGEN 1920
63. Mount Carmel	N	MEINERTZHAGEN 1920
64. Beirut	Ac	SCHRADER 1892
65. Zachle	Bc	MEINERTZHAGEN 1935
66. Adana	Bc	BIRD 1937
67. Anascha	Nc	DANFORD 1878
68. Elmali	A	v. JORDANS u. STEINBACHER 1948
69. Rodi (=Rhodos)	A	SASSI 1937
70. Scarpanto	A	SASSI 1937
71. Kreta	N	LYNES 1912
72. Pylos	Aa	REISER 1905
73. Zante	Aa	REISER 1905
74. Korfu	A	REISER 1905
75. Naxos	N	REISER 1905
76. Capocolonna (Cotrone)	N	LUCIFERO 1899
77. Monte Pollino	As	STRESEMANN 1957
78. Sfax	A	LAVAUDEN 1924
79. Bir-Mrabot (Seggi)	N	v. ERLANGER 1899
80. Biskra	A	LAVAUDEN 1924
81. Messad	N	HEIM DE BALSAC 1926
82. N Aflou	N	MAKATSCH 1957
83. Aïn Sefra	N	ROTHSCHILD u. HARTERT 1914
84. Glaoui	A	WHITAKER 1898
85. Mangyschlak	Ba	DOLGUSCHIN 1948
86. Ustjurt	Ba	DOLGUSCHIN 1948
87. Balaklawa ↓	Bs	NIKOLSKIJ 1891

Anmerkungen

Zu P. 13:

Die Grenzziehung in Spanien beruht auf der Überprüfung durch BERNIS.

Zu P. 23:

In Norditalien sind sicherlich noch nicht alle Vorkommen erfaßt.

Zu P. 36:

Die (graue) Grenzlinie zwischen P. 36 und 37 von *hispanica* ist nur unterbrochen worden, um die Deutlichkeit zu erhöhen.

Zu P. 55:

Wo die Grenzen der beiden Arten zusammenfallen, ist aus technischen Gründen nur die (rote) von *pleschanka* gezeichnet worden.

Zu P. 87:

Auf der Krim scheint *hispanica* nur an der Südküste und nur unregelmäßig und selten zu brüten; dort ist auch die Form *„gaddi"* (s. Kapitel „Verwandtschaft") gefunden worden (Coll. Zool. Inst. Leningrad, PORTENKO brfl. 1961).

LITERATUR

ALLOUSE 1953 — Iraq Nat. Hist. Mus. Publ. 3, 106.
BALÁT 1962 — Acta Acad. Sci. Čechoslov. Bas. Brunensis 34, 469.
BIRD 1937 — Ibis (14) 1, 77.
BLANFORD 1876 — Eastern Persia. London. 2, 150.
BONOMI 1889 — Progr. Ginnas. Rovereto 1888–89, 25.
DAL 1954 — Shiwotn. Armjansk. SSR. Erewan. 271.
DANFORD 1878 — Ibis (4) 2, 16.
DOLGUSCHIN 1948 — Izw. Akad. nauk Kazach. SSR 8, 153.
ELLIS 1961 — Avicult. Mag. 67, 98.
v. ERLANGER 1899 — J. Orn. 47, 225.
GAMBAROW 1941 — Katalog ptic Azerbajdsh. Passeriformes. Baku. 77.
GROTE 1937 — Orn. Mber. 45, 115.
v. HEDEMANN 1956 — Orn. Mitt. 8, 3.
HEIM DE BALSAC 1926 — Mém. Soc. Hist. nat. Afr. Nord 1, 67.
HEIM DE BALSAC 1954 — Alauda 22, 170.
INGRAM 1926 — Birds Riviera. High Holborn. 58.
v. JORDANS u. STEINBACHER 1948 — Senckenbergiana 28, 175.
KLEINSCHMIDT 1936 — Nova Acta Leopoldina (n. F.) 4, 377.
KUMMERLÖWE u. NIETHAMMER 1935 — J. Orn. 83, 36.
LAVAUDEN 1924 — Oiseaux Tunisie. Paris. 112.
LUCIFERO 1899 — Avicula 3, 27.
LYNES 1912 — Ibis (9) 6, 165.
LYNES 1924 — Novit. Zool. 31, 80.
LYNES 1925 — Mém. Soc. Sci. Nat. Maroc 13, 51.
MAKATSCH 1957 — Vogelwelt 78, 27.
MATHEY-DUPRAZ 1921 — Orn. Beob. 19, 58.
MATVEJEV 1947 — Larus 1, 71.
MATVEJEV 1950 — Ornithogeogr. Serbica. Beograd. 208.
MAUERSBERGER 1960 — J. Orn. 101, 119.
MAYAUD 1933 — Alauda 5, 481.
MAYAUD 1934 — Alauda 6, 245.
MEINERTZHAGEN 1920 — Ibis (11) 2, 225.
MEINERTZHAGEN 1935 — Ibis (13) 5, 135.
MOORE u. BOSWELL 1956 — Iraq Nat. Hist. Mus. Publ. 10, 182.
MOUNTFORT u. FERGUSON-LEES 1961 — Ibis 103a, 464.
NESTEROW 1912 — Ann. Mus. Zool. St.-Pétersb. 16, 368; 369.
NIKOLSKIJ 1891 — Mém. Acad. Sci. St.-Pétersb. 68, (Beilage) 4, 102.
PALUDAN 1938 — J. Orn. 86, 615.
PALUDAN 1940 — Dan. Sci. Invest. Iran. Copenhagen. 2, 46.
PATEFF 1950 — Birds Bulgaria. Sofia. 124.
PORTENKO 1954 — Pticy SSSR. Moskwa-Leningrad. 3, 164.
RADDE 1884 — Ornis Caucas. Kassel. 261.
RAETHEL 1955 — J. Orn. 96, 420.
REISER u. v. FÜHRER 1896 — Ornis Balcan. Wien. 4, 51.
REISER 1905 — Ornis Balcan. Wien. 3, 108.
REISER 1939 — Ornis Balcan. Wien. 1, 18; 19.
RIVOIRE 1952 — Alauda 20, 100.

Rossikow 1884 Zap. Kawkaz. Geogr. Ob. 13/1, 282.
Rossikow 1888 Trav. Soc. Nat. St.-Pétersb. 19, 54.
Rothschild u. Hartert 1914 Novit. Zool. 21, 199.
Rucner 1960 J. Orn. 101, 310; 313.
Sassi 1937 Verh. Orn. Ges. Bayern 21, 110.
Savi 1827 Ornitologia Toscana. Pisa. 1, 226.
Schrader 1892 Orn. Jb. 3, 16.
Schweiger 1959 J. Orn. 100, 351.
Serebrowskij 1925 Nouv. Mém. Soc. Nat. Moscou 18/2, 24.
Smith 1957 Ibis 99, 319.
Stenhouse 1921 Ibis (11) 3, 590.
Stichmann 1960 Orn. Mitt. 12, 206.
Stresemann 1928 J. Orn. 76, 384.
Stresemann 1957 J. Orn. 98, 385.
Szlivka 1959 Larus 11, 33.
Tait 1924 Birds Portugal. High Holborn. 98.
Ticehurst u. Whistler 1925 Ibis (12) 1, 455.
Ticehurst u. Whistler 1927 Ibis (12) 3, 284; 300.
Vaurie 1949 Amer. Mus. Novit. 1425, 44.
Vaurie 1959 Birds palearct. Fauna. Passeriformes. London. 344.
Weigold 1912 J. Orn. 60, 405.
v. Wettstein 1938 J. Orn. 86, 23.
Whitaker 1898 Ibis (7) 4, 595.
Witherby 1910 Ibis (9) 4, 497.
Yeates u. Patrick 1950 Brit. Birds 43, 364.
Zarudnyj (Sarudny) 1911 J. Orn. 59, 229.
Zarudnyj (Sarudny) u. Härms 1926 J. Orn. 74, 20.

Briefliche Auskünfte erteilten: Bernis (Spanien), Portenko (Sowjetunion).

Oenanthe hispanica (Linnaeus)

Gilbschmätzer

Verwandtschaft

Eng verwandt mit *Oe. hispanica* ist *Oe. pleschanka*. Portenko (1954) betrachtet beide sogar nur als Unterarten derselben Species. Nach der Jugendmauser unterscheiden sie sich im männlichen Geschlecht vor allem durch folgende Merkmale:

hispanica: Der Rücken ist weiß, mit oder ohne ockerfarbene Tönung. Im ganzen Areal treten zwei „Morphen" auf, eine schwarzkehlige und eine weißkehlige. Die schwarzkehlige Morphe überwiegt in allen Populationen (zu 52% in Südost-Europa, zu 64% in Persien, nach Vaurie 1949). Bei beiden Morphen ist das schwarze Wangenfeld hinten scharf gegen die weiße Umgebung begrenzt.

pleschanka: Die Federn des Rückens sind im Sommer schwarz. Im ganzen Areal kommen fast nur schwarzkehlige Männchen vor; weißkehlige sind selten und vor allem aus Persien bekannt. Auf Cypern fehlen sie ganz. Bei beiden Morphen setzt sich das schwarze Wangenfeld an den Halsseiten in das schwarze Rückenfeld fort.

In einigen Gebieten (Tanskaukasien, Persien) haben sich die Areale dieser beiden Arten übereinander geschoben. Dort kommen gelegentlich Bastarde vor. Einen männlichen Bastard aus Lenkoran deutete Kleinschmidt (1936) als „Übergang der Rassenreihe *Saxicola hispanica* zur *Saxicola pleschanka*". Später hat Portenko (1954) mehrere männliche Bastarde aus Transkaukasien beschrieben und abgebildet. Er hält sie nicht für Bastarde, sondern für Übergangsstufen. Sie lassen sich zu einer Reihe anordnen, die die morphologische Kluft zwischen beiden Stammarten völlig überbrückt. Daraus hat Portenko gefolgert, daß *Oe. pleschanka* als Subspecies von *Oe. hispanica* zu betrachten sei, denn nach seiner Ansicht verhält es sich mit ihnen so wie mit *Corvus corone* und *Corvus cornix*. Dieser Auffassung vermag ich [E. Str.] mich nicht anzuschließen. Ich verfahre vielmehr so wie Grote (1939) und Vaurie (1949). Diese Autoren legen bei ihrer Beurteilung das Hauptgewicht auf die Tatsache, daß das Kontaktgebiet, in dem beide Formen meist unvermischt nebeneinander brüten, sehr ausgedehnt ist. Bastarde treten anscheinend nur dort auf, wo die eine Species viel seltener ist als die andere. Eine solche Situation begünstigt das Zustandekommen gemischter Paare, zumal dann, wenn, wie bei diesen beiden *Oenanthe*-Arten, die Weibchen einander so ähnlich sind, daß es manchmal schwierig oder sogar unmöglich ist, zu entscheiden, welcher von beiden Species sie angehören. Auch wir haben einige Bastarde aus Persien untersucht. Zu ihnen rechnen wir auch die Variante „*gaddi*", die aussieht wie die weißkehlige Morphe von *hispanica*, bis auf den Umstand, daß das schwarze Wangenfeld sich in die schwarze Schultergegend fortsetzt.

Gliederung

Vaurie (1959) erkennt nur zwei Subspecies an.

a) *Oe. hispanica* (L.). Verbreitet von Nordwest-Afrika und der Iberischen Halbinsel nach Osten bis Nord-Italien und Istrien.

b) *Oe. h. melanoleuca* Güldenstädt. In Südosteuropa nordwärts bis Dalmatien, ferner in Süditalien und Vorderasien. Kennzeichen des adulten Männchens: Oberseite in frischem Gefieder nicht ockerfarben („sandy buff') wie bei *hispanica*, sondern nahezu oder völlig weiß. Das Weibchen von *melanoleuca* ist etwas dunkler braun (weniger sandfarben).

Zur Verbreitung

Die Unübersichtlichkeit des Verbreitungsbildes in den Überschneidungszonen zwang zu einer Abweichung von der üblichen Darstellungsweise auf der Karte.

Spezialkarte der Verbreitung bei PATEFF (1950) (Bulgarien); VAURIE (1949) (Transkaukasien, Persien).

Oekologie

Nur in steinigem Gelände siedelt sich der Gilbschmätzer an, meist ohne Rücksicht darauf, ob es nahezu kahl oder mit Büschen besetzt ist. Im europäischen Verbreitungsgebiet bevorzugt er die tieferen Bergstufen und geht an den Hängen nur hier und da über 1000 m empor. Auf den Inseln der Aegaeis nisten sowohl *Oe. hispanica* wie *Oe. oenanthe*; auf den kleineren Inseln dieses Archipels kommt entweder die eine oder die andere Art vor, auf den größeren, gebirgigen nimmt *Oe. hispanica* die unteren, *Oe. oenanthe* die oberen Regionen ein (v. WETTSTEIN 1938).

In Nordwest-Afrika ist er bis zu einer Höhe von etwa 1000 m bis 1200 m angetroffen worden, in Armenien dagegen erstreckt sich sein Wohnbereich von der Halbwüste der Hochebene am Aragac bis hinauf zur Zone der Bergwiesen, 3200 m (DAL 1954). Im Zagross-Gebirge, wo er bis 2000 m hinauf sehr häufig ist, fand ihn PALUDAN (1938) immer nur dort, wo Bäume und Gebüsch wuchsen; ein Nest stand dort in einem waagerechten Baumloch, 1 m über der Erde. Anderwärts baut der Gilbschmätzer sein Nest unter Steinen, in Felsritzen, Mauern und dergl.

Wanderungen

Zugvogel.

a) *hispanica*. Wandert durch das westliche Tripolitanien und die westliche Sahara bis zum Senegal, bis Gambia und ostwärts bis zum Großen Nigerbogen (etwa 0°). Östlich von 5° E ist bisher nur *melanoleuca* überwinternd angetroffen worden.

Abzug von den Brutplätzen Ende August und im September. Rückwanderung beginnt Anfang März, einige durchziehen die West-Sahara noch im April und Mai.

Ankunft an den Brutplätzen von Mitte März an, meist später.

b) *melanoleuca*. Überwintert im Sahel südlich der Sahara, von 5° E an nach Osten bis zum Roten Meer. Dort südwärts bis Eritrea und Nord-Abessinien. SMITH (1957) fand sie in Eritrea von Mitte Oktober bis Anfang März, am häufigsten in der trockenen Akaziensteppe unterhalb von 1000 m, oft auf Bäumen sitzend. LYNES (1925) gibt als Aufenthaltsdauer in Darfur Ende Oktober bis März an.

Die persischen Populationen durchwandern den Iraq und Arabien von Anfang September bis Mitte Oktober und von Anfang März bis Ende April. Die europäischen Populationen überqueren das Mittelmeer und erscheinen auf dem Durchzug in Tripolitanien und Aegypten.

Ankunft an den europäischen Brutplätzen von der dritten Dekade des März an.

FUNDORTLISTE

für ***Oenanthe pleschanka***

Nr.	Fundort		Quelle
1.	zw. Rosen u. Veselie ↓	As	MOUNTFORT u. FERGUSON-LEES 1961
2.	Kranewo	As	MAUERSBERGER 1960
3.	Brateş (Galaţi)	A	PAPADOPOL 1961
4.	Fluß Arbuzinka	Bs	ZJABREW 1940
5.	Dnjepropetrowsk	A	PORTENKO 1954
6.	Izjum	As	LISECKIJ 1959
7.	zw. Pawlowsk u. Losewo	B	BARABASCH-NIKIFOROW 1958
8.	Saratow	Bs	DOMANIEWSKI 1916
9.	Fluß Tereschka (Staraja Kulatka)	Aa	BOGDANOW 1871
10.	Morkwasch	A	BOGDANOW 1871
11.	zw. Samara u. Sysran	Ac	PALLAS 1770
12.	Uralsk	B	ZARUDNYJ 1897
13.	Kargala	NJ	GROTE 1920
14.	Guberlinsker Berge	Aa	RUZSKIJ 1895
o	Kuwandyk	A	KIRIKOW 1952
15.	Kustanaj	B	ZALESSKIJ 1931
16.	Koktschetaw	B	ZALESSKIJ 1931
17.	Omsk	A	RUZSKIJ 1897
18.	Klutschewoje (= Klutschi)	As	JOHANSEN 1907
19.	Semipalatinsk	Bc	CHACHLOW u. SELEWIN 1928
20.	Sauschka	A	JOHANSEN 1907
21.	Barnaul	Bs	WELISHANIN 1929
22.	Krasnojarsk	A	TUGARINOW u. BUTURLIN 1911
23.	Minusinsk	As	SUSCHKIN 1914
24.	Us	A	SUSCHKIN 1914
25.	Zusammenfluß v. Bej-kem u. Cha-kem	A	SUSCHKIN 1914
26.	Fluß Muren (= Telgir-morin)	As	DOROGOSTAJSKIJ 1908
–	S Baikal-See	As	TACZANOWSKI 1891
27.	Insel Olchon ↓	A	GAGINA 1960
28.	Gussin-See	B	PORTENKO brfl. 1961
–	Selenginsk	Ac	PALLAS 1811
29.	Fluß Bura (S Kjachta)	A	LÖNNBERG 1909
30.	Fluß Tola („160 km unterhalb Urga" = Ulan-Bator)	Jc	KOZLOWA 1930
31.	Tschojrin	J	TUGARINOW 1932

Nr.	Ort		Quelle
32.	Iche-bogdo	As	Kozlowa 1930
33.	Churchu-Gebirge (1. IX.)	A	Kozlowa 1930
34.	mittl. Lang Shan (= Chara Narin Ula; 3. IV.)	As	Riley 1930
35.	Dalaj-nor (6. IV.)	A	Prshewalskij 1876
36.	„Mongol Border" (Chihli-Provinz)	Bc	Wilder u. Hubbard 1924
37.	Kalgan	A	Pleske 1890
38.	Balihandien (26. IV.)	A	Kleinschmidt 1923
39.	„Southerly Hills" (Pao-ting)	Bs	Wilder u. Hubbard 1924
–	Berge b. Peking	Bs	David u. Oustalet 1877
40.	Tai-Hong-Chan	Ac	Fu Tung-Sheng 1937
41.	U-taj-schan	A	Berezowskij u. Bianchi 1891
42.	Fluß Ulan-muren (2. IX.)	As	Berezowskij u. Bianchi 1891
43.	Alaschan	Ac	Bianchi 1916
44.	Tsing-yuan-hien	A	Seys u. Licent 1933
45.	Kaichow (= Wutu = Udu = Kie; S Kansu)	As	Bangs u. Peters 1928
46.	Heitsuitse	NJa	Stresemann et alii 1937
47.	Tschurmyn (IV.)	A	Pleske 1890
48.	Tschertschen-Darja (IV.)	A	Pleske 1890
49.	Tschira (VIII.)	J	Pleske 1890
50.	Sulikaziz Langar	Aa	Scully 1876
–	Koshtak (S Guma; 29., 30. IX.)	Aa	Scully 1876
51.	Ighiz Yar	Ac	Sharpe 1891
o	Jangi-Gissar	A	Sudilowskaja 1936
52.	Faizabad	A	Paludan 1959
53.	Gilgit	Aa	Biddulph 1880
54.	Skardu	Nc	Meinertzhagen 1927
55.	Kargil	Nc	Meinertzhagen 1927
56.	Ladakh	A	Koelz 1937
57.	Ooti Plain (Tso-Morari-See)	Ns	Ludlow 1920
58.	Lahul	A	Koelz 1937
59.	Astor	N	Biddulph 1882
60.	Chitral	As	Perreau 1910
61.	Parachinar (NW Frontier)	Jc	Baker 1933
62.	Gardez	Ns	Paludan 1959
63.	Panjao	A	Paludan 1959
64.	Maimana	Js	Paludan 1959
65.	Ardewan Kotal	Js	Paludan 1959
o	Berge W Turbet-Schejch-i-Dsham	Ba	Zarudnyj 1903
66.	Zul-Penaj-Berge (N Sarajun)	Bs	Zarudnyj 1900
67.	Kuuscha ↓	Bs	Zarudnyj (Sarudny) u. Härms 1926
–	Tamandin	Bs	Zarudnyj (Sarudny) u. Härms 1926
–	Brunnen Tschach-i-Saman	A	Zarudnyj (Sarudny) u. Härms 1926
68.	Niriz (29. III.)	N	Vaurie 1949
69.	Shiráz	A	Blanford 1876
70.	Ti	J	Vaurie 1949
71.	Suleimaniya (13. VIII.)	Ac	Moore u. Boswell 1956
72.	Van-See	A	Witherby 1907
73.	Artwin	Ns	Nesterow 1912
74.	Abastuman (V.)	As	Radde 1884
75.	Mleti	J	Radde 1884
76.	zw. Temir-Chan-Schura (= Bujnaksh) u. Gunib	Ac	Bilkewitsch 1893
77.	Insel Podgornyj	As	Gladkow u. Zaletajew 1956
78.	Tschorny Jar	Bc	Kracht 1919
79.	Sarepta	Bc	Moeschler 1853
80.	Noworossijsk	B	Kudashew 1918
o	Gelendshik	As	Puzanow 1938
81.	Opuk	Bc	Frank 1950
o	Sudak	Bc	Nikolskij 1891
82.	Ribatschje	N	Berger brfl. 1958
83.	Donuzlaw	B	Moltschanow 1906
84.	Otschakow	Jc	Poduschkin 1913
85.	Dnjestr-Liman	Nc	Brauner 1894
86.	Kustendjé (= Constanța)	Bc	Alléon 1886
87.	Kap Kaliakra	As	Mauersberger 1960
o	Insel Sv. Iwan (E Sozopol)	Aa	Dontschew brfl. 1962
88.	Cypern	B	Bannerman 1958

Anmerkungen

Zu P. 1:

In Bulgarien scheinen die beiden Arten nicht unmittelbar nebeneinander vorzukommen; nur Balát (1962) versichert, *pleschanka* im Juni im Struma-Tal (Macedonien), wo *hispanica* nicht selten ist, angetroffen zu haben. Intermediäre Stücke sind aus Bulgarien nicht gemeldet worden.

Zu P. 27:

Nach Gagina (1961) brütet die Art auch am Westufer des Baikal-Sees. Malyschew (1958) verzeichnet ihn genauer als Brutvogel an den Kaps Rytyj (ca. 60 km N Olchon), Schartla und Sagan-Moran.

Zu P. 67:

In vielen Fällen bereitet die Grenzziehung im südwestlichen und im (praktisch unerforschten) zentralen Persien große Schwierigkeiten; nur selten dürfte sie den tatsächlichen Verhältnissen gerecht werden. – Die Angaben bei Sarudny und Härms (1926) für SE-Persien widersprechen einander; der Versicherung, im Süden Ostpersiens „zur Brutzeit" keine *pleschanka* angetroffen zu haben, stehen Mai-Daten aus Nord-Beludschistan entgegen. Die Lage von P. 68 legt ebenfalls eine weitere Verbreitung nach Osten hin nahe. Möglicherweise brütet also *pleschanka* doch in geeigneten Gegenden im Südosten des Landes. Wie die Grenze in diesem Falle verlaufen mag, wagen wir nicht zu entscheiden; wir haben sie darum offen gelassen.

LITERATUR

Alléon 1886 — Ornis 2, 403.

Baker 1933 — Nidific. Birds Indian Empire. London. 2, 39.

Balát 1962 — Acta Acad. Sci. Čechoslov. Bas. Brunensis 34, 469.

Bangs u. Peters 1928 — Bull. Mus. comp. Zool. Harvard 68/7, 354.

Bannerman 1958 — Birds Cyprus, Edinburgh-London. 127.

Barabasch-Nikiforow 1958 — Probl. zoogeogr. suschi. Lwow. 9.

Berezowskij u. Bianchi 1891 — Aves exped. Potanini Gan-su. St.-Pétersb. 88.

Bianchi 1916 — Ann. Mus. Zool. Petrograd 20, 49.

Biddulph 1880 — Stray Feathers 9, 324.

Biddulph 1882 — Ibis (4) 6, 277.

Bilkewitsch 1893 — Protok. zased. Ob. Jest. Kazan. Uniw. (Beilage) 135, 10.

Blanford 1876 — Eastern Persia. London. 2, 152.

Bogdanow 1871 — Trudy Ob. Jest. Kazan. Uniw. 1/1, 76.

Brauner 1894 Zap. nowoross. Ob. Jest. 18/2, 48.
Browne 1950 Ibis 92, 63.
Chachlow u. Selewin 1928 Uragus 3/2, 34.
David u. Oustalet 1877 Oiseaux Chine. Paris. 166.
Domaniewski 1916 Trav. Soc. Sci. Varsovie (3. Classe) 18, 97.
Dorogostajskij 1908 Izw. Russk. Geogr. Ob. 44/5, 237.
Frank 1950 Bonn. Zool. Beitr. 1, 183.
Fu Tung-Sheng 1937 Oiseaux Ho-Nan. Langres. 113.
Gagina 1960 Ornitologija 3, 222.
Gagina 1961 Trudy Barguzinsk. Zapow. 3, 118.
Gladkow u. Zaletajew 1956 Trudy Inst. biol. Akad. Nauk Turkm. SSR, Ser. Zool., 4, 162.
Grote 1920 J. Orn. 68, 44.
Grote 1937 Orn. Mber. 45, 115.
Ivanov 1940 Oiseaux Tadjikistan. Moscou-Leningrad. 246.
Johansen 1907 Mat. orn. stepej Tomsk. kraja. Tomsk. 39.
Johansen 1954 J. Orn. 95, 336.
Kirikow 1952 Pticy i mlek. jushn. Urala. Moskwa. 231.
Kleinschmidt 1923 Abh. Mus. Tierk. Völkerk. Dresden 16/2, 41.
Koelz 1937 Ibis (14) 1, 91.
Kozlowa 1930 Pticy Zabajkalja, Sew. Mongolii i centr. Gobi. Leningrad. 259.
Kozlova 1933 Ibis (13) 3, 319.
Kracht 1919 J. Orn. 67, 326.
Kudaschew 1918 Messag. orn. 8, 94.
Liseckij 1959 Proc. Biol. Inst. Kharkov Univ. 28, 159.
Lönnberg 1909 Ark. Zool. 5/9, 22.
Ludlow 1920 J. Bombay Nat. Hist. Soc 27, 142.
Malyschew 1958 Zool. Sh. 37/7, 1103.
Mauersberger 1960 J. Orn. 101, 120.
Meinertzhagen 1927 Ibis (12) 3, 582.
Meinertzhagen 1930 Nicoll's Birds Egypt. London. 1, 273.
Moeschler 1853 Naumannia 3, 304.
Moltschanow 1906 Mat. Fauna Flora Ross. 7, 252.
Moore u. Boswell 1956 Iraq Nat. Hist. Mus. Publ. 10, 185.
Mountfort u. Ferguson-Lees 1961 Ibis 103a, 464.
Nesterow 1912 Ann. Mus. Zool. St.-Pétersb. 16, 370.
Nikolskij 1891 Mém. Acad. Sci. St.-Pétersb. (Beilage) 68/4, 101.
Pallas 1770 Nov. Comment. Acad. Sci. Petrop. 14/1, 584.
Pallas 1811 Zoographia Rosso-Asiatica. Petropoli. 1, 479.
Paludan 1959 Vidensk. Medd. Dansk nat. hist. Foren. 122, 202.
Papadopol 1961 C. R. Acad. Rom. 11, 1215.
Perreau 1910 J. Bombay Nat. Hist. Soc. 19, 908.
Pleske 1890 Aves Przewalskianae. St.-Pétersb. 38.
Poduschkin 1913 Bull. Soc. Nat. Crimée 2, 49.
Portenko 1954 Pticy SSSR. Moskwa-Leningrad. 3, 165.
Prshewalskij 1876 Mongolei u. Land Tanguten. St.-Pétersb. 2, 47.
Puzanow 1938 Trudy Gruzin. Akad. nauk. Zool. 2, 142.
Radde 1884 Ornis Caucas. Kassel. 262.
Riley 1930 Proc. United States nat. Mus. 77/15, 28.
le Roi 1923 J. Orn. 71, 201.
Ruzskij 1895 Trudy Ob. Jest. Kazan. Uniw. 28/5, 39.
Ruzskij 1897 Ann. Mus. Tobolsk 7/14, 13.
Scully 1876 Stray Feathers 4, 144.
Seys u. Licent 1933 Publ. Mus. Tien Tsin 19, 64.
Sharpe 1891 Sec. Yarkand Mission. Aves. London. 83.
Smith 1957 Ibis 99, 319.
Stresemann et alii 1937 J. Orn. 85, 547.
Sudilowskaja 1936 Birds Kashgaria, Moskwa-Leningrad. 55.
Suschkin 1914 Mat. Fauna Flora Ross. 13, 373.
Taczanowski 1891 Mém. Acad. Sci. St.-Pétersb. (7) 39, 349.
Ticehurst et alii 1922 J. Bombay Nat. Hist. Soc. 28, 400.
Ticehurst 1926 J. Bombay Nat. Hist. Soc. 31, 707.
Ticehurst u. Cheesman 1925 Ibis (12) 1, 19.
Tugarinow 1932 Trudy Mongolsk. Komiss. 1, 37.
Tugarinow u. Buturlin 1911 Mat. Vögel. Jenisseisch. Gouv. Krasnojarsk. 18.
Vaurie 1949 Amer. Mus. Novit. 1425, 43.
Welishanin 1929 Uragus 4/1, 13.
Wilder u. Hubbard 1924 J. N. China Br. Asiat. Soc. 55, 194.
Witherby 1907 Ibis (9) 1, 83.
Zalesskij 1931 Bull. Soc. Nat. Moscou (biol.), n. s. 40, 167.
Zarudnyj 1897 Mat. Fauna Flora Ross. 3, 178.
Zarudnyj 1900 Mém. Acad. Sci. St.-Pétersb. (8) 10/1, 235.
Zarudnyj 1903 Oiseaux Perse orient. St.-Pétersb. 447.
Zarudnyj (Sarudny) u. Härms 1926 J. Orn. 74, 23; 25.
Zjabrew 1940 Proc. Zool. Inst. Kharkov Univ., ecol. 8–9, 97.

Briefliche Auskünfte erteilten: Berger, Portenko (Sowjetunion), Cheng (China), Dontschew (Bulgarien).

Oenanthe pleschanka (Lepechin)

Nonnenschmätzer

Verwandtschaft

Über den Grad der Verwandtschaft mit *Oenanthe hispanica* siehe diese.

Gliederung

Drei Subspecies.

a) *pleschanka* Lepechin. Im westlichen Teil des kontinentalen Areals. Die weißkehlige Phase („*vittata*") scheint, wenn auch überaus selten, im ganzen Gebiet aufzutreten.

b) *hendersoni* Hume. Im östlichen Teil des Areals, östlich von Kuldscha und dem Yenissei. Flügel im Durchschnitt länger als bei *pleschanka* (Portenko 1954), was mit dem längeren Zugweg zusammenhängen dürfte.

c) *cypriaca* Homeyer. Nur auf Cypern. Vom Hauptareal der Species durch einen breiten, von *Oe. hispanica* besiedelten Landstreifen getrennt. Kleiner; Brust des Männchens nicht rein weiß, sondern isabell getönt; schwarze Endbinde des Schwanzes in der Regel breiter.

Zur Verbreitung

Die angenommene Grenze in Asien ist vielfach hypothetisch, nicht nur auf den durch Unterbrechung der Linie hervorgehobenen Strecken; die gegenseitige Lage der lückenhaften Punkte ließe manchmal auch eine andere Verbindung zu.

Oekologie

In ihren Ansprüchen an den Brutbiotop scheint sich *Oe. pleschanka* nicht von *Oe. hispanica* zu unterscheiden, es sei denn, daß sie sich mancherorts mit noch öderen Steinhalden und Schotterhängen, ja sogar mit rein lehmigen Böschungen als Nistort begnügt. In der flachen sibirischen Steppe siedelt sie sich gern dort an, wo steiniger Boden hervortritt oder auch nur kleine Steinhaufen oder alte kirgisische Grabstätten vorhanden sind (JOHANSEN 1954). In Armenien, Persien und Zentral-Asien meidet sie die heißen Täler und nistet hauptsächlich im Gebirge; im Semiretschje zwischen 800 und 1800 m (SCHNITNIKOW 1949); in Tadshikistan vor allem zwischen 1500 und 2000 m, manchmal sogar über 3000 m hoch (IVANOV 1940).

Nest zwischen Steinen, in Felsspalten, Mauern und dergl., in der flachen Steppe (nach JOHANSEN 1954) „alle möglichen Höhlungen, auch Ziesellöcher".

Wanderungen

Zugvogel, der (wie alle wandernden *Oenanthe*-Arten) gleich nach dem Brutcyclus und vor dem Herbstzug alle Handschwingen erneuert.

a) *pleschanka* und *hendersoni*. Alle Populationen gelangen über Arabien ans Rote Meer und wandern größtenteils weiter nach Nordost-Afrika. Dort sind diese Subspecies während der Wintermonate sehr häufig in Eritrea, Abessinien, Somaliland, Kenya Colony, im Nordosten des Tanganyika-Territoriums, im gebirgigen Süden des Staates Sudan und in Nordost-Uganda. Die östlichen Populationen (*hendersoni*) erreichen das Winterquartier auf dem Wege über die Mongolei, Turkestan, Iran und Arabien.

Sie räumen den Brutplatz zwischen Mitte August und Mitte September.

In der Umgebung von Aden ist dieser von Ende Oktober bis Ende Februar der häufigste Steinschmätzer (BROWNE 1950), aber manche erscheinen schon früher oder verschwinden später, denn SMITH (1957) bemerkte Nonnenschmätzer in Eritrea von Anfang September bis Anfang Mai.

Manche verlassen die Winterherberge schon im Februar und erscheinen im letzten Drittel des März an ihren zentralasiatischen Brutplätzen. Nach TICEHURST & CHEESMAN (1925) war der Durchzug in Ost-Arabien bei Oqair (unweit der Bahrein-Inseln) schon vom 20.—28. Februar deutlich bemerkbar. Mesopotamien wird von der Hauptmasse im März durchwandert (frühestes Datum 1. März, TICEHURST 1922). In West-Persien fand SARUDNY den Nonnenschmätzer schon Anfang März in den Hügeln des Djebel Tnüe „äußerst häufig" (SARUDNY & HÄRMS 1926). In British Baluchistan wurde er schon am 2. März nachgewiesen (TICEHURST 1926). In der Zentralen Gobi bemerkte E. KOZLOVA (1933) die ersten Ankömmlinge am 24. März, und am gleichen Datum sah BEICK (bei STRESEMANN 1937) zwei Männchen in Nordost-Kansu, etwa 7000 km vom Winterquartier entfernt. Die Mehrzahl aber kommt in Zentral-Asien erst im April, einige erst im Mai an. Für Süd-Rußland gilt als mittlere Ankunftszeit die zweite Aprilhälfte.

Weiteres in der ausführlichen und genauen Abhandlung von GROTE (1937), der eine Karte des Brutgebietes, der Winterherberge und der Zugrichtung beigefügt ist.

b) *cypriaca*. Aus ihrem abgesonderten Brutgebiet wandert die cyprische Rasse teils durch Palästina, den Sinai und Mittel-Aegypten, teils durch Arabien nach ihrem im südöstlichen Teil des Sudan und in Abessinien (Danakil-Land) gelegenen Winterquartier (MEINERTZHAGEN 1930, GROTE 1937).

Abzug aus Cypern vermutlich erst im September oder Oktober. Zwei Durchzügler wurden am Sinai bei El Tor am 19. und 20. Oktober gesammelt (LE ROI 1923).

Ankunft auf Cypern vom ersten Drittel des März an (BANNERMAN 1958).

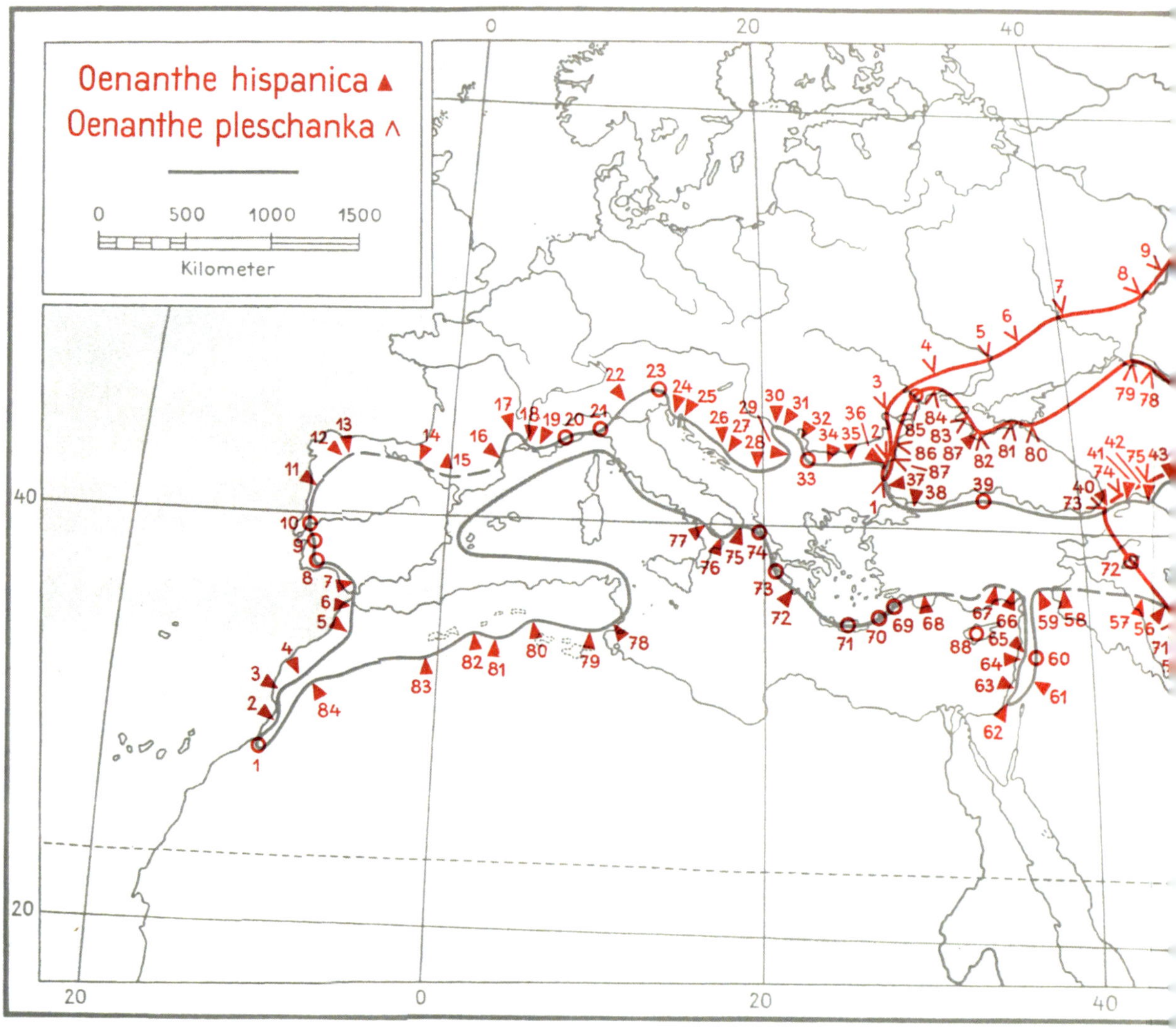
Oenanthe hispanica ▲
Oenanthe pleschanka ∧
0 500 1000 1500
Kilometer

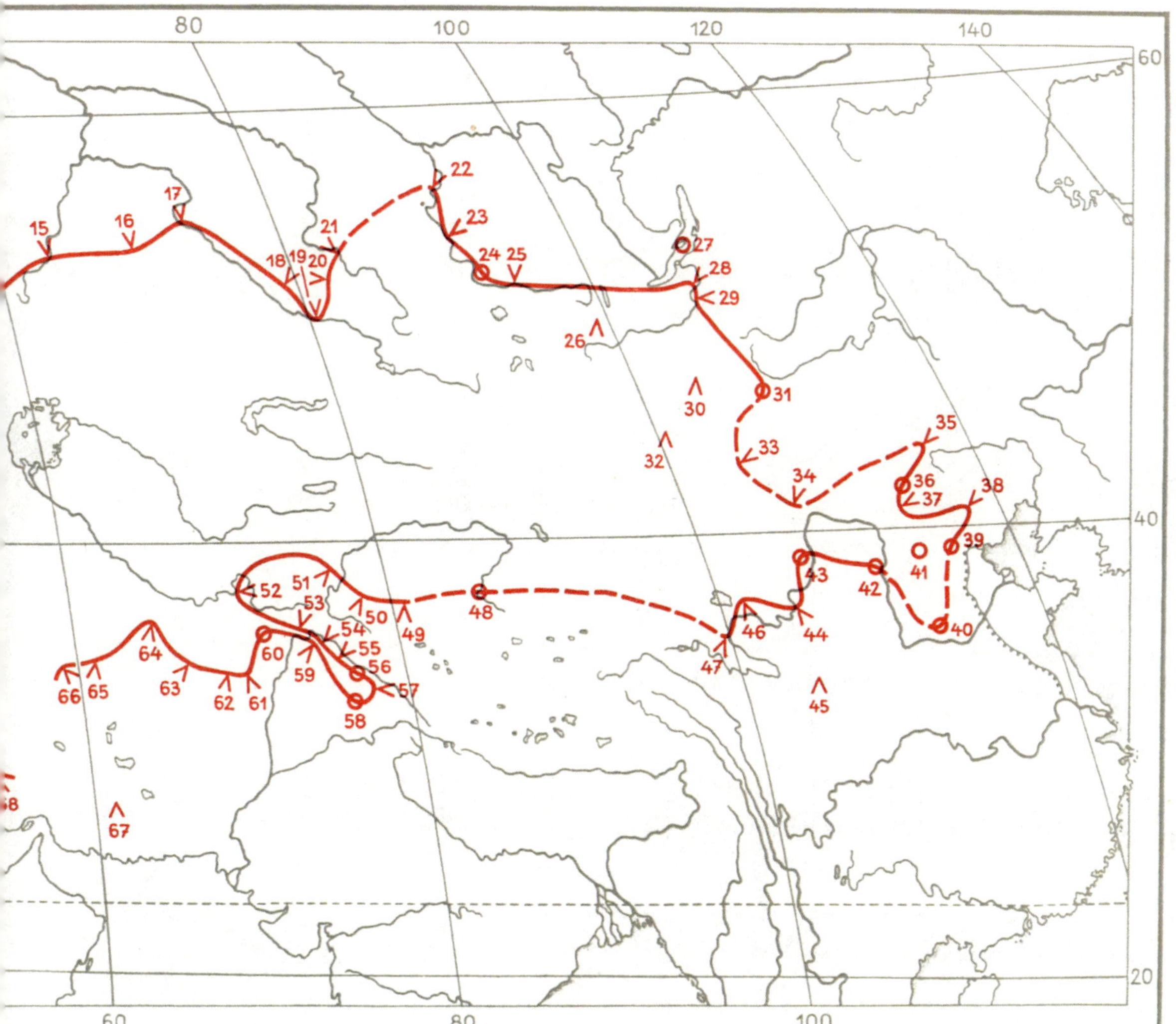
80
100
120
140
60
40
20
60
80
100
15
16
17
18
19
20
21
22
23
24
25
26
27
28
29
30
31
32
33
34
35
36
37
38
39
40
41
42
43
44
45
46
47
48
49
50
51
52
53
54
55
56
57
58
59
60
61
62
63
64
65
66
67

Oenanthe leucura (Gmelin)

bearbeitet von

E. v. VIETINGHOFF-SCHEEL

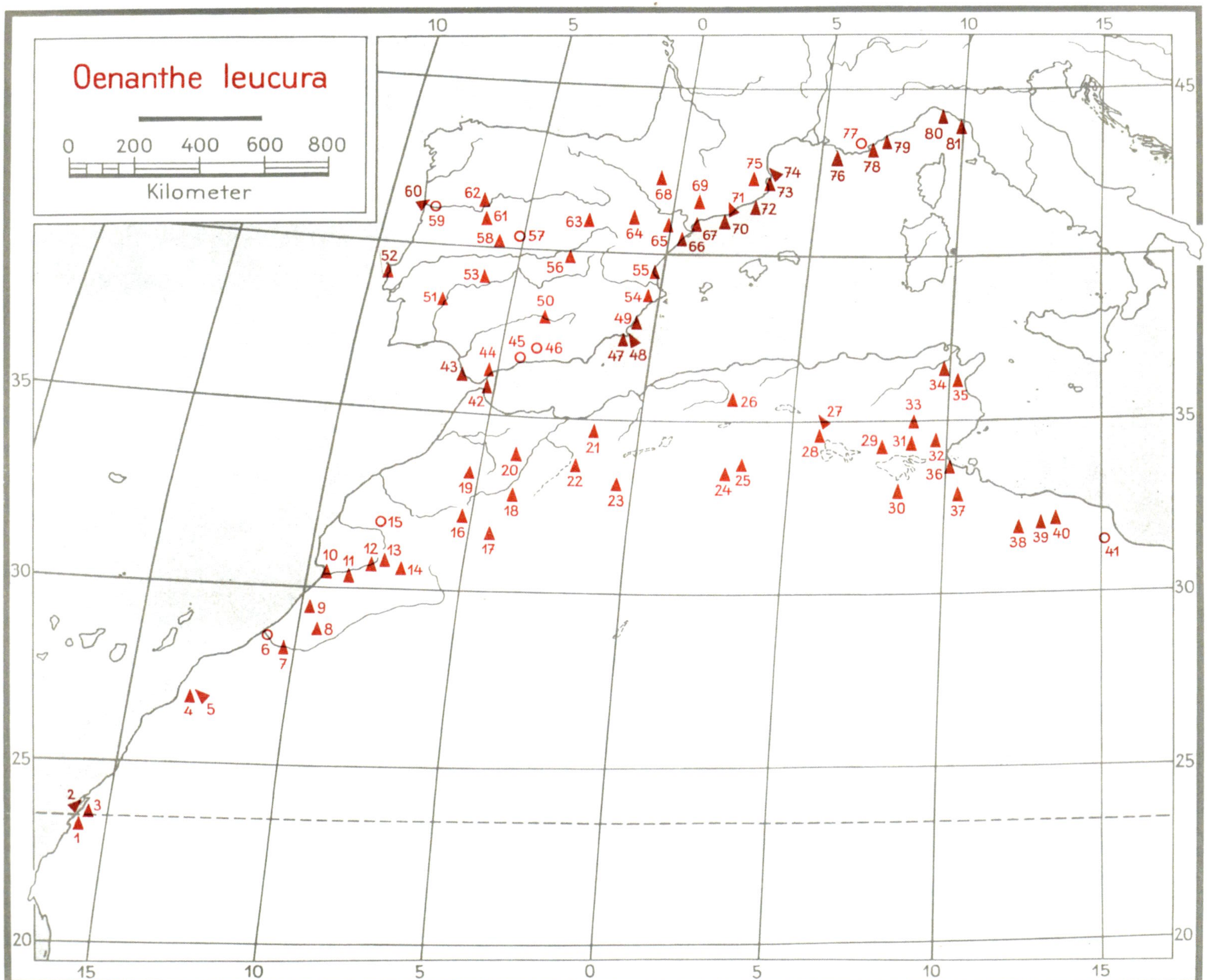
Oenanthe leucura
0 200 400 600 800
Kilometer

FUNDORTLISTE

Nr.	Fundort		Quelle
1.	Legtoaa	As	Valverde 1957
2.	„Rio de Oro" (= Villa Cisneros)	B	Hartert 1903; Riggenbach 1903
3.	El Aargub (1.–13. IV.)	As	Valverde 1957
–	Puerto Rico (14. IV.)	As	Valverde 1957
4.	El Aium	A	Valverde 1957
5.	Lemleka	Aa	Valverde 1957
6.	Wadi Dra (W Bani)	A	Heim de Balsac 1954
–	Tekna	A	Heim de Balsac 1954
7.	Dj. Guir	A	Heim de Balsac 1954
–	Goulimine	A	Bannerman 1953
8.	Taghjicht	A	Heim de Balsac 1954
9.	S Tiznit (4. XI.)	Ac	Meinertzhagen 1940
10.	N Agadir	As	Meise 1959
11.	Taroudant (22. XI.)	Ac	Meinertzhagen 1940
12.	zw. Tizi n'Test u. Ijoukak	A	Meise 1959
13.	Taddert	NJc	Chaworth-Musters 1939
–	E Oukaïmeden	A	Brosset 1957
–	Amsmiz	As	Whitaker 1898
14.	S Amerzgane	A	Bierman 1959; Bannerman u. Priestley 1952
15.	Rehamna	As	Hartert u. Jourdain 1923
16.	Ait Attab	J	Lynes 1933
17.	N Ksar es Souk	As	Meinertzhagen 1940
–	Ziz	As	Bierman 1959
–	N Erfoud (26. XI.)	As	Meinertzhagen 1940
18.	Missour (21. III.)	As	Hartert 1927
19.	Azrou	J	Lynes 1920
–	Ain Leuh	As	Hartert 1926
20.	S Taza	Ns	Jourdain 1929
21.	zw. Tlemcen u. Lalla Marnia	As	Rothschild u. Hartert 1914
22.	Berguent	Bc	Brosset 1956
23.	Dj. Aïssa	As	Rothschild u. Hartert 1914
24.	Laghouat	As	Rothschild u. Hartert 1912
25.	Messad	Ns	Heim de Balsac 1926
26.	Boghari	Nc	Rothschild u. Hartert 1912
27.	El Kantara	Ns	Rothschild u. Hartert 1912
28.	Biskra	Ns	Rothschild u. Hartert 1912; v. Zedlitz 1914
29.	Tamerza	J	Lavauden 1924
30.	S Chott Djerid	A	Whitaker 1905
31.	S Gafsa	A	Whitaker 1905
–	S Feriana	Na	Bannerman 1927
–	Dj. Sidi-Ali-ben-Aoun	Ns	v. Erlanger 1899
32.	Mezzouma	As	Bannerman 1927
33.	Kasrin	As	Whitaker 1905
34.	Tibourba	A	Heim de Balsac 1924
35.	Massiv v. Zaghouan	A	Lavauden 1924
–	Ain-Garsi	A	Lavauden 1924
36.	Gabès	A	Millet-Horsin 1912
37.	Tetahouine	A	Lavauden 1924
38.	Jefren (I.)	A	Toschi 1947
39.	Garian	As	Stanford 1954
–	Rumia	A	Toschi 1947
40.	Tarhuna	B	Whitaker 1902; Cavazza 1932
41.	Wed Nefed	B	Whitaker 1902
42.	Gibraltar	N	Irby 1895
43.	Cadiz	N	Koenig 1932
44.	San Cristobal	Ba	Lynes 1912
–	Grazalema	Ba	Lynes 1912
45.	Provinz Malaga	B	v. Boxberger 1934
46.	La Vega	A	Lynes 1912
47.	Cartagena	B	Lynes 1912
48.	Cabo de Palos	As	Bruhn u. Jeffrey 1958
49.	Alicante	N	Just 1962
50.	Despeñaperros	Ns	Curio brfl. 1961
51.	Vila Vicosa	A	Reis 1931
52.	Berlenga-Inseln	Js	Lockley 1952
53.	Puerto de Miravete	As	Bernis et alii 1958
54.	Játiva	A	Deetjen 1955
55.	Sagunto	A	Deetjen 1955
56.	Aranjuez	A	Lilford 1866
57.	Sierra de Gredos	A	Chapman u. Buck 1893 (fide Witherby 1928)
58.	Lagunilla	A	Bernis brfl. 1961
–	Alagón-Tal	As	Abs 1959
59.	Douro-Tal (Oporto)	Bc	Tait 1924
60.	Leixões (IX.)	As	Wagner 1922
61.	Pereña (8. IX.)	A	Bernis brfl. 1961
–	Saucelle (7. IX.)	A	Bernis brfl. 1961
62.	Bragança	Ac	Reis 1931
63.	Pálmaces	A	Bernis brfl. 1961
–	San Andres del Congosto	A	Bernis brfl. 1961
–	Muriel	A	Bernis brfl. 1961
64.	Calatayud	A	Bernis brfl. 1961
65.	Caspe (4. XI.)	A	Soler 1960
–	Peñalba	A	Soler 1960
66.	Montes de Caro	As	Soler 1957
67.	Massiv v. Montroig	Ac	Soler 1960
68.	Riglos	A	Soler 1960
69.	Camarasa	Ac	Soler 1960
70.	Massiv v. Garraf (XI.)	Ac	Soler 1957
71.	Montserrat	A	Saunders 1897
72.	Tossa de Mar	As	Soler 1957
73.	Cadaques	A	Frugis 1954; Soler 1960
74.	Port Vendres	Js	Ticehurst u. Whistler 1927
75.	Amélie-les-Bains (XI.)	A	Saunders 1884
76.	Ile Riou	A	Lavauden u. Mourgue 1918
77.	Dep. Var	As	Gurney 1901
78.	Fréjus	As	Millet-Horsin 1918
79.	Nizza	B	Giglioli 1886
–	Riviera	Ns	Ingram 1926
80.	Genua	As	Savi 1827
81.	Portovenere	A	Savi 1827
–	Capo del Mesco	As	Savi 1827

LITERATUR

ABS 1959 — Ardeola 5, 153.
BANNERMAN 1927 — Ibis (12) 3 (Suppl.), 149.
BANNERMAN 1953 — Ibis 95, 134.
BANNERMAN u. PRIESTLEY 1952 — Ibis 94, 432.
BERNIS et alii 1958 — Ardeola 4, 106.
BIERMAN 1959 — L'Oiseau 29, 225.
v. BOXBERGER 1934 — J. Orn. 82, 197.
BRAAKSMA u. MIDDELMAN 1960 — Alauda 28, 280.
BROSSET 1956 — Alauda 24, 198.
BROSSET 1957 — Alauda 25, 49.
BRUHN u. JEFFREY 1958 — Ardeola 4, 116.
CAVAZZA 1932 — Riv. Ital. Orn. 2, 180.
CHAPMAN u. BUCK 1893 — Wild Spain. London. 147.
CHAWORTH-MUSTERS 1939 — Ibis (14) 3, 276.
DEETJEN 1955 — Ardeola 2, 19.
v. ERLANGER 1899 — J. Orn. 47, 239.
FRUGIS 1954 — Riv. Ital. Orn. 24, 32.
GIGLIOLI 1886 — Avifauna Italica. Firenze. 90.
GURNEY 1901 — Ibis (8) 1, 372.
HARTERT 1903 — Novit. Zool. 10, 295.
HARTERT 1926 — Bull. Soc. Sci. Nat. Maroc 5, 291.
HARTERT 1927 — Novit. Zool. 34, 48.
HARTERT u. JOURDAIN 1923 — Novit. Zool. 30, 110.
HEIM DE BALSAC 1924 — Rev. franç. Orn. 8, 391.
HEIM DE BALSAC 1926 — Mém. Soc. Hist. Nat. Afr. Nord 1, 73.
HEIM DE BALSAC 1954 — Alauda 22, 172.
INGRAM 1926 — Birds Riviera. High Holborn. 57.
IRBY 1895 — Orn. Straits Gibraltar. London. 41.
JOURDAIN 1929 — Alauda 1, 177.
JUST 1962 — Vogel u. Heimat 11/1, 91.
KOENIG 1895 — J. Orn. 43, 389.
KOENIG 1932 — Kat. Nido-ool. Samml. Bonn. 2, 442.
LANKES 1932 — Anz. Orn. Ges. Bayern 2, 151.
LAVAUDEN 1924 — Oiseaux Tunisie. Paris. 117.
LAVAUDEN u. MOURGUE 1918 — Rev. franç. Orn. 5, 309.
LILFORD 1866 — Ibis 2, 185.
LOCKLEY 1952 — Ibis 94, 145.
LYNES 1912 — Ibis (9) 6, 479.
LYNES 1920 — Ibis (11) 2, 264; 296.
LYNES 1933 — Mém. Soc. Sci. Nat. Maroc 36, 46.
MEINERTZHAGEN 1930 — Nicoll's Birds Egypt. London. 1, 278.
MEINERTZHAGEN 1940 — Ibis (14) 4, 214.
MEISE 1959 — Abh. Verh. Naturw. Ver. Hamburg. N. F. 3, 96.
MILLET-HORSIN 1912 — Rev. franç. Orn. 2, 332.
MILLET-HORSIN 1918 — Rev. franç. Orn. 5, 214.
MOREAU 1954 — Ardeola 1, 108.
REIS 1931 — Cat. sist. aves Portugal. Pôrto. 97.
RIGGENBACH 1903 — Novit. Zool. 10, 286.
ROTHSCHILD u. HARTERT 1912 — Novit. Zool. 18, 518.
ROTHSCHILD u. HARTERT 1914 — Novit. Zool. 21, 198.
SAUNDERS 1884 — Ibis (5) 2, 370.
SAUNDERS 1897 — Ibis (7) 3, 76.
SAVI 1827 — Ornitologia Toscana. Pisa. 1, 227.
SOLER 1957 — Ardeola 3, 269.
SOLER 1960 — Ardeola 6, 227.
STANFORD 1954 — Ibis 96, 610.
STENHOUSE 1921 — Ibis (11) 3, 590.
TAIT 1924 — Birds Portugal. High Holborn. 99.
TICEHURST u. WHISTLER 1927 — Ibis (12) 3, 301.
TOSCHI 1947 — Riv. Ital. Orn. 17, 18.
VALVERDE 1957 — Aves Sahara Español. Madrid. 291.
WAGNER 1922 — Mitt. Vogelw. 21, 93.
WHITAKER 1898 — Ibis (7) 4, 595.
WHITAKER 1902 — Ibis (8) 2, 650.
WHITAKER 1905 — Birds Tunisia. London. 1, 56.
WITHERBY 1928 — Ibis (12) 4, 607.
v. ZEDLITZ 1914 — Rev. franç. Orn. 3, 283.

Briefliche Auskünfte erteilten: BERNIS, CURIO (Spanien).

Oenanthe leucura (Gmelin)

Trauerschmätzer

Verwandtschaft

Unter den Schmätzern hat *Oenanthe leucura* keine sehr nahen Verwandten. Die Südgrenze des Verbreitungsgebietes stößt nahezu an die Nordgrenze einer anderen schwarz-weißen Art, *Oenanthe leucopyga*. Die Tatsache, daß sich ihre Areale nicht überlagern, hängt vielleicht mit oekologischen Unterschieden zusammen.

Gliederung

Zwei schwach unterschiedene Subspecies.

a) *leucura* Gmelin im europäischen Areal.

b) *syenitica* Heuglin in Nordwest-Afrika: Dunkle Gefiederpartien des Männchens nicht so intensiv schwarz, schwarze Endbinde des Schwanzes breiter.

Zur Verbreitung

Die verzeichneten Punkte lassen (besonders in Nordafrika) erkennen, daß die Ziehung einer Grenzlinie gerechtfertigt wäre. Dennoch wurde darauf verzichtet, um die Lückenhaftigkeit der Funde hervorzuheben.

Da *leucura* wenigstens im Süden meist in der Nähe der Brutplätze verbleibt (s. ,,Wanderungen"), haben wir auch Funde außerhalb der Nistperiode verwendet, das aber stets durch Angabe des Monats kenntlich gemacht.

Oekologie

Der Trauerschmätzer ist als stenoeker Felsbewohner vor allem an steilen Felsabstürzen und an Flüssen zu finden, die sich tief in eine Schotterfläche eingegraben haben. An solchen Stellen nistet er vom Meeresniveau ab bis zu beträchtlichen Höhen (über 1500 m in der Sierra Nevada, 3000 m im Hohen Atlas).

Sein Nest pflegt er im Schutze kleiner höhlenartiger Felsnischen zu bauen. Dort trägt er zuvor als Unterlage viele Steinchen, vor allem flache, mit dem Schnabel zusammen. In anderen Fällen errichtet er vor der Außenseite des Nestes aus vielen lose aufeinander geschichteten Steinchen oder Scherben einen Wall, womit er noch während der Bebrütung der Eier fortfährt (KOENIG 1895, IRBY 1895).

Wanderungen

In der Regel verharrt *Oenanthe leucura* das ganze Jahr über in oder nahe dem Brutrevier. Manche Individuen streichen jedoch nach der Brutzeit umher. Nach v. BOXBERGER (1934) hält sich in der Provinz Malaga die Mehrzahl der dortigen Nistvögel von November bis Februar an unbekannten Orten auf. STENHOUSE (1921) bemerkte bei Algeciras ,,passage in considerable number" am 20. Oktober. Verirrte sind auf den Pityusen (MOREAU 1954), Corsica (BRAAKSMA & MIDDELMAN 1960), Sardinien, Sizilien, in der Marmarica bei Salum (MEINERTZHAGEN 1930), in Ober-Aegypten, ja sogar auf den Britischen Inseln und in Bulgarien (LANKES 1932) erschienen.

Oenanthe leucopyga (C. L. Brehm)

bearbeitet von

E. v. VIETINGHOFF-SCHEEL

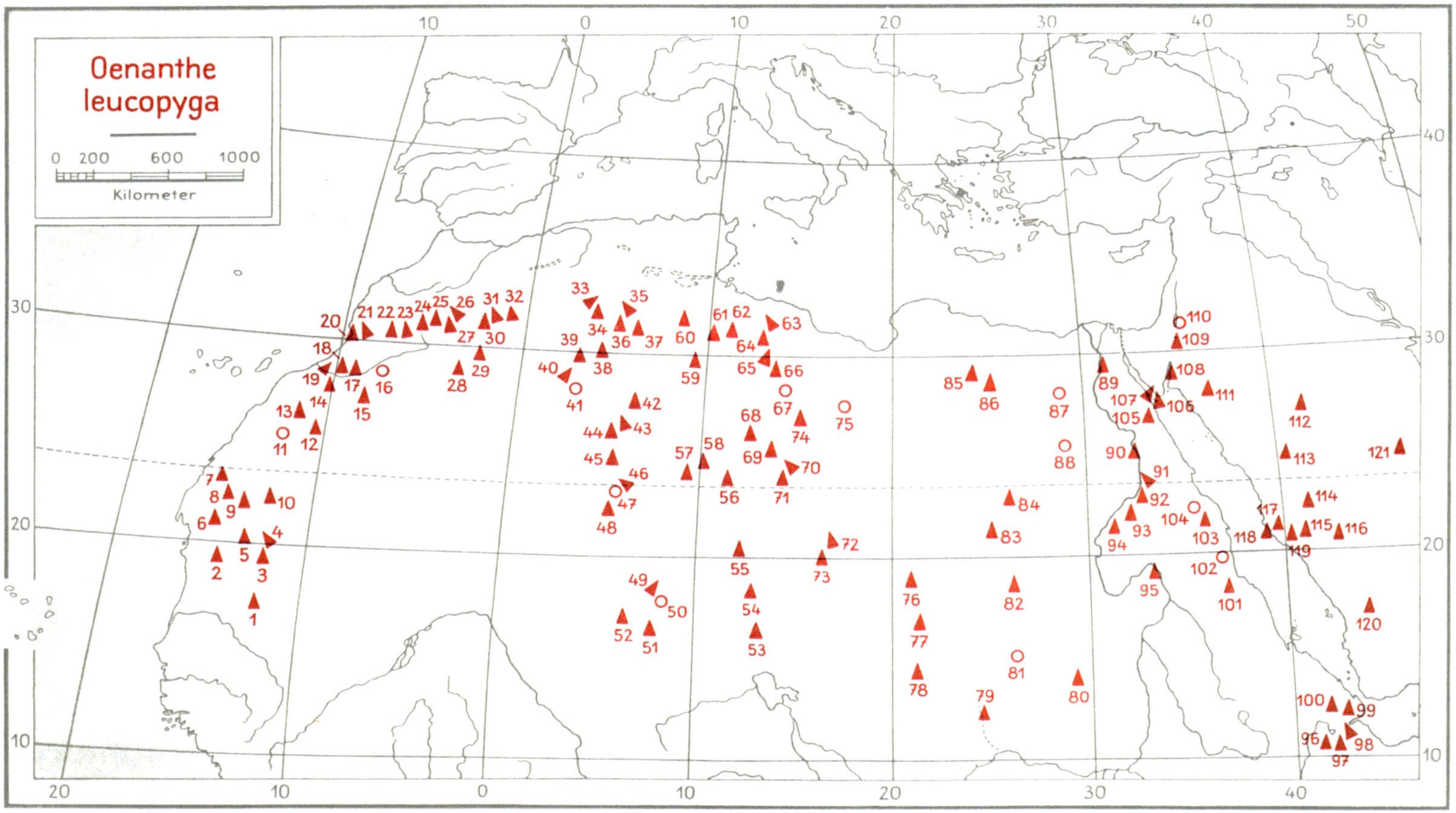
Oenanthe
leucopyga
0 200 600 1000
Kilometer

FUNDORTLISTE

Nr.	Fundort		Quelle
1.	Moudjeria	A	Heim de Balsac 1954
2.	Akjoujt	A	Heim de Balsac 1954
3.	Iriji	A	Dekeiser 1954
4.	Chinguetti	A	Dekeiser 1954
5.	Atar	J	Heim de Balsac 1952
–	Hamdoum	A	Dekeiser 1954
6.	Kudia legnem (11. I.)	A	Valverde 1957
–	Gor Ausiref	As	Valverde 1957
7.	Negyir	As	Valverde 1957
8.	Ausert	Ac	Valverde 1957
–	Le Glat (20. II.)	A	Valverde 1957
9.	Leyuat	Aa	Valverde 1957
10.	Fort Gouraud	A	Dekeiser 1954
11.	Zemmour	N	Heim de Balsac 1954
–	Doloaa	As	Valverde 1957
12.	Tamuart	A	Valverde 1957
–	Tifariti	A	Valverde 1957
13.	Smara	Ac	Valverde 1957
–	Gor el Bet	As	Valverde 1957
14.	Aouinet Torcoz	B	Dorst u. Pasteur 1954
15.	Tindouf	NJ	Heim de Balsac 1952
–	Tadjakant	N	Heim de Balsac 1954
16.	Hasi Igma	A	Panouse 1954
17.	Foum el Hassan	NJ	Heim de Balsac 1952
18.	Bouizakarn (Ende I.)	A	Heim de Balsac 1954
19.	Goulimine (Mitte III.)	Bs	Bannerman 1953
20.	S Imouzzar	A	Bierman 1959
21.	S Tizi n'Test	A	Bierman 1959
22.	Amerzgan	A	Bannerman u. Priestley 1952
23.	Skoura (Anf. III.)	A	Bannerman u. Priestley 1952
–	Ouarzazate (23. XI.)	A	Meinertzhagen 1940
–	Hadeb el Youdi (20. II.)	A	Nemeth 1934
24.	Tinghir (23. XI.)	A	Meinertzhagen 1940
25.	Guelmina (24. XI.)	A	Meinertzhagen 1940
26.	Ksar es Souk (XI.)	Aa	Meinertzhagen 1940
–	Aoufous	Ac	Hüe 1953
27.	Rissani	Ac	Hüe 1953
–	Erfoud (26. XI.)	Aa	Meinertzhagen 1940
28.	Tabelbala (8. II.)	As	Heim de Balsac 1930
29.	Marhouma (X., XI.)	A	Jouanin u. Petter 1951
–	Ouarourout (X., XI.)	A	Jouanin u. Petter 1951
30.	S Colomb Béchar	Ns	Bannerman u. Priestley 1952
31.	Figig	A	Hartert u. Steinbacher 1935
–	Dj. Maïz	A	Heim de Balsac 1928
32.	Dj. Mekter	A	Heim de Balsac 1928
33.	Berryan	A	Rothschild u. Hartert 1912
34.	Ghardaïa	Ja	Rothschild u. Hartert 1912
35.	Dra el Kastir	As	Koenig 1895
36.	Gara Klima (S Ourgla)	As	Hartert 1913
–	Haoud-Sita	J	v. Zedlitz 1913
37.	Hassi Melah	A	v. Zedlitz 1913
38.	S Oued Mya	Nc	Hartert 1913
39.	Hassi Marroket	Ns	Hartert 1913
40.	Fort Miribel	A	Meinertzhagen 1934
41.	Aïn Guettara (Tademait)	As	Hartert 1913
42.	Temassinin (Fort Flatters)	A	Coll. Zool. Mus. Berlin
43.	Ouadi In Kelmet	Ac	Geyr v. Schweppenburg 1918
44.	Amgid	Ns	Geyr v. Schweppenburg 1918
45.	Gara Djenoun (10. III.)	N	Geyr v. Schweppenburg 1918
–	Oued Ahates	As	Geyr v. Schweppenburg 1918

Nr.	Fundort		Quelle
46.	Ideles	Na	Geyr v. Schweppenburg 1918
47.	Hoggar ↓	Ba	Laenen 1949/50
48.	Fort Laperrine (= Tamanrasset; Mitte II.)	N	Meinertzhagen 1934
49.	Aguellal	Ns	Hartert 1921
50.	Mount Baguezan	AJ	Hartert 1921
–	Aouderas	J	Hartert 1921
51.	Agades	Ac	Hartert 1921
52.	S Tegguidda n'Tecem (I., II.)	Ac	Niethammer 1956
53.	Agadem	A	Lavauden 1926
54.	Bilma	A	Lavauden 1926
55.	Djado	A	Lavauden 1926
56.	Anai	Aa	Guichard 1955
57.	Djanet (= Fort Charlet)	A	Lavauden 1926
58.	Feuat (2. III.)	Ba	Moltoni 1934
–	Gat (Ende II.)	Bc	Moltoni 1934
–	Uadi Tanezzuft	Ba	Moltoni 1934
59.	Gadames	Bs	Cavazza 1932
60.	Dj. Dekanis (30. XII.)	A	v. Erlanger 1899
–	Gur-el-Areif (I.)	A	v. Erlanger 1899
61.	Djeneïen	A	Lavauden 1926
62.	Nalut	Bs	Cavazza 1932
63.	Garian	Bs	Cavazza 1932
64.	Misda	Bs	Cavazza 1932
65.	Ghèriat (1. II.)	A	Toschi 1947
66.	Sciuref (= Bir esh Schweref; 2. II.)	A	Toschi 1947
67.	Dj. Soda	Aa	Guichard 1955
–	Bir Gteifa	Ba	Moltoni 1934
68.	Acacia Thala („100 km von Ubari"; 23. II.)	Ba	Moltoni 1934
69.	Mourzouk	Aa	Guichard 1955
70.	Gatroun	Aa	Guichard 1955
71.	Tegerhi	A	Moltoni 1938
72.	Bardai (19. III.)	AJs	Guichard 1955
73.	Zouar	A	Malbrant 1954
74.	Um el Abid (10. II.)	A	Toschi 1947
75.	Harug el Asued	Aa	Guichard 1955
76.	Tekro	Ba	Moreau 1934
77.	Fada	A	Malbrant 1954; Niethammer 1955
78.	Borkou	Ac	Malbrant 1954
79.	Dj. Marra	J	Lynes 1925
80.	Soderi	J	Hogg 1950
81.	Dj. Meidob	J	Lynes 1925
82.	Merga (= Nukheila)	Ba	Moreau 1934
83.	'Uweinat	Ba	Moreau 1934
–	Kissu	Ba	Moreau 1934
84.	Gilf Kebir	Ba	Moreau 1934
85.	Giarabub (= Jaghbub)	Ac	Stanford 1954
86.	Oase Siwa	B	Moreau 1927
87.	Oase Baharia	B	Moreau 1927
88.	Oase Dakhla	Ac	Moreau 1927
89.	Wadi Hof (Helwan)	NJ	Meinertzhagen 1930
90.	Thebes	Ac	Adams 1864
91.	Aswan (= Assuan)	A	Meinertzhagen 1930
92.	Dendur (22. III.)	Ns	Koenig 1924
93.	Korósko (2. III.)	Ns	Koenig 1924
94.	Wadi Halfa (13. III.)	Ns	Koenig 1924

95. Abu Hamed	As	HARTERT 1913
96. Mont Jira (Abhebad)	A	THESIGER u. MEYNELL 1935
97. Gobad	A	THESIGER u. MEYNELL 1935
98. Assal-See	A	THESIGER u. MEYNELL 1935
99. Assab	As	SMITH 1957
100. Gaharre	As	SMITH 1957
101. Sinkat	J	HOGG 1950; SCLATER u. MACKWORTH-PREAD 1918
– Erkowit	A	SCLATER u. MACKWORTH-PREAD 1918
102. Dj. Bawati	A	SCLATER u. MACKWORTH-PREAD 1918
– Khor Arbat	A	SCLATER u. MACKWORTH-PREAD 1918
103. Dj. Elba	A	MEINERTZHAGEN 1930
104. Bisharin-Gebirge	A	HEUGLIN 1869
105. SW Hurghada	As	MARCHANT 1941
106. Wadi Mahasch	A	LE ROI 1923
– Tor (= El Tûr; XI.)	A	Coll. Zool. Mus. Berlin
107. Oase Firan	A	v. ZEDLITZ 1912
– St. Katharinen-Kloster	A	v. ZEDLITZ 1912
108. Akaba (I.)	A	SHAMSEDDIN HALFAWI 1945
109. Wadi Numeira	A	CARRUTHERS 1910
– Buseira	A	HOLLOM 1959
110. Halbinsel Lisan (3. I.)	As	SCHMITZ 1910
– Ein Feshka	A	HOLLOM 1959
111. S Tebuk (1. I.)	A	CARRUTHERS 1910
112. Haïl	A	SHAMSEDDIN HALFAWI 1945
113. Hifna (6. II.)	B	BATES 1936
114. Muwaih (= Al Muwaygh)	B	BATES 1936
115. Mafraq Buraim	B	BATES 1936
116. Taif	B	BATES 1936
– Sail (= Sail Kabir)	B	BATES 1936
117. Madruga (3. XI.)	As	TROTT 1947
118. Asfan (21. I.)	As	TROTT 1947
119. Ranya	A	BATES 1937
120. Najran	A	BATES 1937
121. Ayaina ↓	B	BATES 1936
– Jubaila (12. XI.)	B	BATES 1936

Anmerkungen

Zu P. 47:

NIETHAMMER (1963) nennt *leucopyga* den häufigsten Vogel im ganzen Hoggar „bis zum Gipfel der Asekrem" und in der Sahara „ebenso verbreitet wie zahlreich". Zwar liegen seine Beobachtungen (Dezember–Januar) außerhalb der in nördlichen Gegenden „üblichen" Brutmonate, doch ist im Süden des Verbreitungsgebietes die Umgrenzung der Brutperiode schwer vorzunehmen, da die Zeitgeber für den Beginn des Fortpflanzungszyklus im Einzelfall nicht leicht zu ermitteln sind. Die Fotoperiode scheint kaum von Einfluß zu sein; LAENEN fand jedenfalls bei einem ♂ vom Hoggar schon am 2. Januar, also kurz nach der Sonnenwende, voll entwickelte Hoden, während die Gonaden 8 weiterer Vögel (Dezember u. Januar) inaktiv waren (NIETHAMMER 1963). HEIM DE BALSAC u. MAYAUD (1962) bringen eine Zusammenstellung der Bruttermine; Januargelege scheinen im Süden keine Seltenheit zu sein, doch liegen Gelegefunde von dort bis April vor. Die Verfasser vermuten eine Koppelung mit dem Vegetationsaufbruch (etwa von Ende Dezember ab), lassen aber offen, wie diese bei Bewohnern arider Gegenden zustande kommt. Derartige Schwankungen der Gonadenreifung treten im saharischen Bereich öfter auf; vgl. MOREAU (1950) und die Anm. zu P. 96 bei *Hippolais pallida*.

Zu P. 121:

Bei dem Vorkommen nahe Achwas in SW-Persien (ZARUDNYJ 1911) dürfte es sich um einen Irrgast handeln.

LITERATUR

ADAMS 1864	Ibis 6, 19.
BANNERMAN 1953	Ibis 95, 132.
BANNERMAN u. PRIESTLEY 1952	Ibis 94, 433; 654; 668.
BATES 1936	Ibis (13) 6, 706.
BATES 1937	Ibis (14) 1, 811.
BIERMAN 1959	L'Oiseau 29, 226.
CARRUTHERS 1910	Ibis (9) 4, 486.
CAVAZZA 1932	Riv. Ital. Orn. 2, 180.
DEKEISER 1954	Bull. Inst. Franc. Afr. Noire 16, 1228.
DORST u. PASTEUR 1954	L'Oiseau 24, 255.
v. ERLANGER 1899	J. Orn. 47, 243.
GEYR v. SCHWEPPENBURG 1918	J. Orn. 66, 166.
GUICHARD 1955	Ibis 97, 417.
HARTERT 1913	Novit. Zool. 20, 55.
HARTERT 1921	Novit. Zool. 28, 113.
HARTERT u. STEINBACHER 1935	Vögel paläarkt. Fauna. Erg.-Bd., Berlin. 314.
HEIM DE BALSAC 1928	Rev. franç. Orn. 12, 281.
HEIM DE BALSAC 1930	Alauda 2, 460.
HEIM DE BALSAC 1952	Alauda 20, 233.
HEIM DE BALSAC 1954	Alauda 22, 173.
HEUGLIN 1869	Ornith. Nordost-Afrikas. Cassel. 360.
HOGG 1950	Ibis 92, 577.
HOLLOM 1959	Ibis 101, 194.
HÜE 1953	Alauda 21, 130.
JOUANIN u. PETTER 1951	Bull. Mus. Hist. Nat. Paris (2) 23, 618.
KOENIG 1895	J. Orn. 43, 397.
KOENIG 1924	J. Orn. 72 (Sonderh.), 157.
LAENEN 1949/50	Alauda 17–18, 171.
LAVAUDEN 1926	Rev. franç. Orn. 10, 116; 326; 329; 330; 332.
LYNES 1925	Ibis (12) 1, 115.
MALBRANT 1954	L'Oiseau 24, 35.
MARCHANT 1941	Ibis (14) 5, 274.
MEINERTZHAGEN 1930	Nicoll's Birds Egypt. London. 1, 279; 280.
MEINERTZHAGEN 1934	Ibis (13) 4, 559.
MEINERTZHAGEN 1940	Ibis (14) 4, 116; 212.
MOLTONI 1934	Atti. Soc. Ital. Sci. Nat. 73, 368.
MOLTONI 1938	Riv. Ital. Orn. 8, 121.
MOREAU 1927	Ibis (12) 3, 218; 237.
MOREAU 1934	Ibis (13) 4, 603; 610.
NEMETH 1934	Bull. Soc. Sci. Nat. Maroc 14, 88.
NIETHAMMER 1955	Bonn. Zool. Beitr. 6, 70.
NIETHAMMER 1956	Beitr. Vogelk. 5, 142.
NIETHAMMER 1963	Bonn. Zool. Beitr. 14, 142.
PANOUSE 1954	Trav. Inst. Sci. Cherifien 2, 178.

le Roi 1923 — J. Orn. 71, 203.
Rothschild u. Hartert 1912 — Novit. Zool. 18, 518.
Sclater u. Mackworth-Pread 1918 — Ibis (10) 6, 691.
Shamseddin Halfawi 1945 — Bull. Zool. Soc. Egypt 7 (Suppl.), 5.
Schmitz 1910 — Orn. Jb. 21, 41.
Smith 1957 — Ibis 99, 319.
Stanford 1954 — Ibis 96, 611.
Thesiger u. Meynell 1935 — Ibis (13) 5, 797.
Toschi 1947 — Riv. Ital. Orn. 17, 18.
Trott 1947 — Ibis 89, 85.
Valverde 1957 — Aves Sahara Español. Madrid. 286.
Vaurie 1959 — Birds palearct. Fauna. Passeriformes. London. 353.
Zarudnyj (Sarudny) 1911 — J. Orn. 59, 239.
v. Zedlitz 1912 — J. Orn. 60, 560.
v. Zedlitz 1913 — Novit. Zool. 20, 179.

Oenanthe leucopyga (C. L. Brehm)

Rennschmätzer

Verwandtschaft

Über die Beziehungen zu *Oenanthe leucura* siehe dort.

Gliederung

Vaurie (1959) unterscheidet zwei schwach gekennzeichnete Subspecies, die in einem breiten Gürtel ineinander übergehen.

a) *leucopyga* Brehm. Bewohnt das afrikanische Areal und geht vom Niltal an ostwärts allmählich in die Subspecies *ernesti* über.

b) *ernesti* Meinertzhagen. Bewohnt das asiatische Areal. Schwarze Bezirke des Körpers stärker pigmentiert und bläulich schillernd; schwarze Zeichnung der äußeren Steuerfedern ausgedehnter; Schnabel etwas länger.

Zur Verbreitung

Sinngemäß gilt auch für *Oen. leucopyga* das bei *Oen. leucura* in diesem Kapitel gesagte. Vgl. aber die Anmerkung zu P. 47.

Oekologie

Wie *Oenanthe leucura,* so lebt auch *Oenanthe leucopyga* nur dort, wo es Felsen oder Anhäufungen großer Steine gibt. An solchen Stellen kommt der Rennschmätzer auch in der ödesten Sahara vor. Den Aïr, Hoggar, Tibesti, Sinai bewohnt er bis zu den höchsten Erhebungen. Mancherorts, vor allem in der Westsahara, aber auch in den Oasen Siwa und Dakhla, ist er zum Nutznießer menschlicher Bauten geworden und hat alle Scheu abgelegt. In Süd-Algerien fand ihn Koenig (1895) vor allem an den in der Wüste gelegenen Rasthäusern, wo er geradezu zum Hausvogel geworden ist und auf den Pfosten, Tragbalken, unter Dächern und in Mauerlöchern nistet; auch Brunnenschächte wählt er zur Anlage des Nestes (Valverde 1957).

Wo es keine Bauwerke gibt, nistet er wie *Oenanthe leucura* in Nischen oder Spalten der Felsen, nach Meinertzhagen (1930) auch in Nischen erdiger Böschungen.

Vor dem Nesteingang legt er manchmal einige Steinchen ab. Ein von Valverde (1957) gefundenes Nest, in 4 m Höhe in einer 75 cm tiefen Felsnische gelegen, hatte eine Unterlage von weit über hundert Steinchen im Gesamtgewicht von 370 g; ein jedes dieser Steinchen war etwa 1,5 bis 2 g schwer.

Wanderungen

Oenanthe leucopyga verharrt das ganze Jahr über an ihren Standorten und verläßt sie auch in der extremen Trockenzeit nicht.

FSC
www.fsc.org
MIX
Papier | Fördert gute Waldnutzung
FSC® C083411

Zeitfracht Medien GmbH
Ferdinand-Jühlke-Straße 7
99095 Erfurt, Deutschland
produktsicherheit@kolibri360.de